感懷・久久芬芳

賴東明 著

1960年代，賴東明（左四）獲國際推銷人才獎。右三為李國鼎（時任經濟部長），右二為當時的生產力中心總經理。

2001 Photo ©青樺視覺藝術中心

發行公信會成立，開心合影。由左至右依序為賴國洲、石永貴、賴東明。

1999年921大地震，日本電通社長成田豐帶鉅款來台慰問。聯廣利用其中款項編印救災紀錄，是台灣唯一一本救災紀錄。

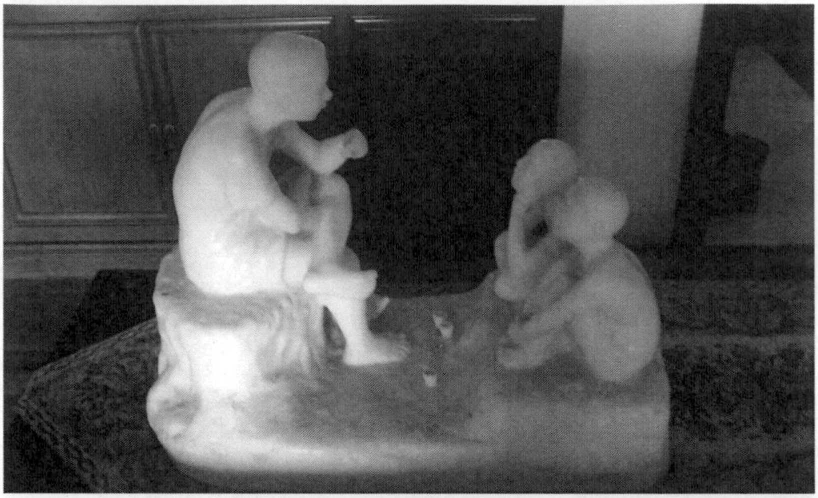

上：「阿爸的話」石雕。
下：「父親的短信」頒獎。左一為自由時報編輯魏伶如小姐。

賴東明（右二）與妻子（左二）、外傭（左一）及司機（右一）共遊2019台中花博。

在八田與一出生的城市金澤，有金澤古里偉人館。八田與一是台北扶輪社的社友，因為李登輝的一次演說，日本人開始熟知並且收集八田與一對台灣貢獻的資料。在這偉人館中，也有一角展示李登輝的題字。

過年期間的美好。

目次

感恩的人　一〇九

廣告的啟示　一三一

序

一生受人之助，而得完成自己之願。

施恩人之一言一行，高如山深如海，點醒愚直的我，也影響平凡的我。

在CORONA未退下，在OMICRON即將來襲，處於不安狀態中，我以謙卑、純樸之感恩的心，寫下這本書。獻給予我機會的恩人。

祝福健康長壽。

二〇二一・十二・八

感懷・久久芬芳

感動與感懷的小故事

自從一九六二年從事廣告業以來，時間已如白馬過隙，在這段長達半世紀以上的時間裡，不是沒有遭遇過當場感動而記憶猶新的事，如獲得亞洲廣告會議主辦權，以及擔任報禁解除研究小組成員、無線電視第四台審議委員會召集人、廣播電台審議委員會委員等，只是殘缺紀錄難找，現在只得憑記憶，將記得的、尚未公開於世的故事，公開出來。

將披露的雖是小故事，卻是足夠茶餘飯後聚談的溫馨傳言及學習之範。

蕭同茲先生是人人欽佩尊敬的長者。他是中央通訊社來台時的創社社長，退休後出任國華廣告公司的董事長。

他宴客時有幾個特色值得後輩去學習：第一，他比預定時間早到；第二，他請人乾杯時總是先乾為敬；第三，他催菜上桌，是起身走到房間門口拍掌催快送菜來，不會大聲喊。

我陪他在場，做他的酒桶多年，對於他的主人風度總是很感動。

在宴會上善做主人者，葉明勳先生是上選人物。葉明勳先生擔任過國華廣告公司與聯廣公司董事長，並擔任過《中華日報》與《民生報》董事長、台灣電視公司常務監察人，是傳播界大老。

葉先生經常讓我隨侍，其目的是介紹我認識傳播界大老，企業界長者；還有是當其酒桶。

他宴客時常備幾個道具，如茶葉、一口杯、洋酒等。在宴會中，他會請每位客人用一口杯盛洋酒打通關；一方面要客人打通關，一方面又要客人適可而止。我當他的酒桶，有時難免會微醉。但，我感動於他的準備周到，還有他控制客人酒量的技術。

談喝酒，就要談日本企業家佐藤千壽先生。他在東京和高雄生產電子零件。除了經營企業外，他還蒐集中東古董，設立石洞館。ＮＨＫ於二〇一一年七月曾報導其館內收藏品，令人嘆為觀止。幾年前，他曾以八十八桌宴請其國內外親戚好友，時值春季，在會場內布置著一枝櫻花巨樹，高可達天花板。他在會席上曾言，今年八十八米壽，要努力保健，要超過其父九十四壽齡。會場掌聲大大響起。致使人感動至極，而我則感念迄今。願效法。

正如佐藤先生在其米壽會場展示櫻花，他的友人土屋亮平先生在台灣嘉南水庫種植櫻花樹，已有十年之久，有些樹的櫻花已然綻放，形成美景，將水庫增加觀光風味。土屋先生會每年來台一次，先查看櫻花有無花開，後再種植樹苗。所以嘉南水庫周圍，經過他的努力與愛心，越來越具觀光風貌。如此，台灣人就不必遠渡去日本賞櫻了。

台灣與日本的民間關係非常密切。民間有社團扶輪社更是極為友好。經過佐藤先生與土屋先生的推動，兩國各自成立扶輪親善會。這五、六年有互動，彼此救援。

總之，令人感懷之事在現場內會感動，在現場外會心念。

找不到我家廣告

一日之計在於晨。正打算與祕書江乃靜商量今天的工作進度時，突然間電話鈴響起。

是福特汽車公司總經理歐棟的來電——非常難得的電話。互道早安後，他開始抱怨，說他「找不到自家的廣告」。我回答說：「報紙在分版，我馬上去找在哪一版。」

自從政府頒布「獎勵外人投資條例」以來，來台設廠的廠家陸續有產品在市場上推銷。於是「搶報紙廣告版面」形成另一種競爭。

報紙為使家家能得版面，很聰明地將廣告版面，先分兩版，也應付不了需求又分四版，這也供應不足，再分八版，一一再分版以供求需。

動用員工人力之下，總算找到了福特汽車的廣告，於是交代ＡＥ趕緊送去中壢；我也即刻打電話給福特總經理歐棟。他再三道謝。

聯廣能成為福特公司的廣告代理，是從其經銷商開始的。金額小，作業雜。然聯廣員工不嫌其小，依然提供完整服務，猶如代理其品牌。或許因聯廣的工作讓福特滿意，一年之後，就取得汽車發表會的廣告代理權。

廣告代理兩年後，聯廣與福特行銷處人員合作，將市場銷售第三位的轎車變成市占首位。歐棟對此結果甚感滿意，還打電話來表示謝意。

後來，歐棟總經理任期屆滿，加以業績達成，要調回澳洲原單位任主管，聯廣就在來來大飯店為他舉行惜別會。我還邀來媒體業主管，場面溫馨、熱鬧。在會場上，他穿梭其間，向各別客人敬酒致謝，可見他依依不捨之情。

總之，歐棟總經理的為人做事使人尊敬，讓人懷念。我感懷他久久不忘。

一〇〇週年慶——廣告意在謝人勵己

人生在一生當中有很多活動，如入學、就業、結婚、旅遊、養兒、侍親就醫等。日本人甚至命名各項活動為學活、就活、婚活、旅活等。

結婚典禮是人生重大活動，當事人需要找場地海誓山盟一番。場地擁有者需要有這方面的經驗，才容易吸引一對新人前來實現人生只有一次的風光。東京的帝國大飯店是著名的旅人住宿所在，又是各項活動優質地點。歷經一百三十年為人服務的經歷，舉辦結婚典禮的新人很喜愛在這裡邀請親朋好友來觀禮。而受邀前來的人也覺得有面子。做為新人婚活開始的平台，帝國大飯店在其一三〇週年時刊登廣告，以持續其令人感動的業務活動；在廣告裡名言：「為使迎接良辰吉日的新人安心，吾等帝國大飯店會全力支持。」意謂願為婚活開始，揭開結婚典禮面紗的活動平台。除了利人，也在勵己。

結婚固是生大事，睡眠則是一日要事。一般人白天做事，晚上回來睡眠。白天因工作耗盡精力，夜晚就須以睡眠來補充精力。誠是養精蓄銳之法也。

西川棉被以持續革新的企業文化經營了四百五十年，提供睡眠工具，滿足了人的需要。西川棉被在週年慶的廣告裡說：「不管雨天、風吹天、傷悲天、疲倦天，一進入棉被裡就可獲得舒爽。人，因睡眠而可培養明日的活力。」雖是獲得活力之源，卻是活力形容活動之基礎。睡具變成活泉。西川棉被在其週年慶廣告裡有言：「能睡熟而以歡臉迎接早晨，這種時日是多幸福啊。」充分詮釋睡眠工具存在價值，真厲害！此外，廣告畫面以祖孫兩人微笑面對報紙讀著，似乎在保證西川標誌就是「西川品質」。

商品能在市場上持續銷售，應是其品牌深入人心，而品牌能掌握眾心，應是其品牌符合種人之需要。勵己又利人。

敷島麵包公司在其創立百年時，以刊登廣告方式慶祝其產銷百年。其廣告標題云：「麵包・百年」，而其內文則說，敷島麵包是為苦於食物匱乏的人能有代用食物而開始烘焙的。大戰中、大地震時都不停止地製造，於今日迎接百週年。敷島麵包公司認為，任何時代皆要與社會共存，下個百年，為答謝顧客，將懷抱挑戰的勇氣，持續烘焙下去。

該敷島麵包公司持續了百年，如今在百年慶典活動上，又宣示將持續產銷另一個新的百年。真是令人佩服、尊敬、學習。謝人又勵己。而其在任何時代與社會同在，引來專家、學者對這家百年企業的關心與研究。

有人喜歡百年老店，期望社會上越多越好。

百年慶典活動之一是刊登廣告與民同樂，其全版廣告之設計極引人注目，一塊大吐司裡記載這百年來的每一年，而每年都一成不變地記寫著「繼續烘焙生產麵包」，令人感到單純又可愛，容易引人好奇，勾人記憶。

同樣擁有百年歷史的鈴木則推出了老人電汽車以茲紀念。為企業百年，又為新產品發售，鈴木汽車公司刊登了廣告，期望讓高齡老人有興趣開鈴木老人汽車。

日本在前幾年，收回了六十五歲老人的汽車駕駛執照，致使這批被人稱為

「團塊世代」的老人們不得不放棄開四輪汽車的樂趣。

鈴木電氣汽車看準這個不得不放棄開車樂趣的團塊世代市場，乃在其百年慶時推出電氣老人汽車，達到勵己來謝人的目的。

鈴木公司乃刊登廣告推銷其紀念車種，以期適應市場旺盛需要，廣告如下：廣告標題是「即使歸還駕駛執照，也可去想去的地方，也可在想去時」；廣告內文是：「去購物，去散步，去工作。老人電氣汽車，音量靜又小，如同走路般的心情來外出。速度最快時如同快步，亦可感覺季節上的鳥語花香，是過去開汽油汽車時享受不到的快樂。」

其廣告畫面是：一部電氣汽車上面坐著悠然自得的阿嬤，後面有兩代家人（三位）揮手送行，連一隻家犬也躍躍追行。阿嬤騎著電氣汽車往同學會活動？或往老人座談會？或往社區大學上課？或戲院觀看電影？任何地方、任何時刻，就隨老人高興挑選。反映不受駕駛執照的束縛，大街小巷皆由阿嬤的無照駕駛之一身技術安全前進。

鈴木公司百週年慶，對老人族群提供了可無照駕駛去參加各項老人活動之移動工具，真有愛心！

同樣是百週年，鈴木汽車公司推出了電氣汽車，而另一家百週年的三菱電機公司則由社長發言並刊登慶祝廣告。

該三菱電機公司之廣告為：廣告標題「迎接百週年：三菱電機集團的所有員工，都追求累積」；廣告畫面是：杉山武史社長以端正的姿勢、微笑面臉，兩眼正是眾人。廣告內文大意：「一九二一年創始人武田秀雄創立了本公司，這個時代是混迷與希望交雜著，但他洞察以後時代將是電氣的時代，認為今後百年將是一個須解決眾多課題的社會。雖是豐足，但會循環且持續。吾等三菱集團將結合內外力量以不斷的技術革新，迎接新的百年。員工人人懷著堅強意志，使來年更良好，以報答社會。吾等會追求累積，會儲蓄累積，會應用累積，推陳出新。」

杉山武史社長的談話，將成為三菱電機公司未來經營活動、業務活動、廠務活動、行銷活動等之指針。由此觀之，三菱電機的過去百年，因具遠瞻力、洞察力而有成，未來百年是否會日新月異，也令人期待。

十月懷胎

約六十年前政府因憂美援即將不再持續，於是制定「獎勵外人投資條例」吸引外資來台。

日本松下電器公司亦與本地東正堂公司合資成立了台灣松下電器公司。董事長由台方出任，洪建全先生；總經理由日方派遣，岡田氏。經過投資條例後生產了炊飯器、電視接收機、收音機等，商品種類越來越多，為了促銷生產出來的商品，需要廣告助之。

從日本派遣來的業務經理堀正幸不明台灣人的購物習慣——多拿一根蒜會覺得合算得利——而要求在報紙廣告上的商品圈下註明售價，其註明方式就是「正價〇〇元」，以售購者雙方稱便。我告訴他註明正價不太會有效，因為台灣人的購物習慣是討價還價，這會使經銷商店窮於應付。

他堅持這是總社的指示，廣告公司只好依其言在商品下標示正價。廣告後，經銷商的反應是：正價不下降，客人掉頭就走。

堀經理堅持正價標示，但又憂心商品滯銷，之後敵不過台灣消費者愛討價還價的購物習慣，宣布取消正價活動。由此，通路經銷商恢復舊有的討價還價買賣，廣告上也無商品的正價表示。堀經理感到一季的正價活動沒有達到預期效果，於是另謀他策。

他喜歡開會，聽取與會人員的創意。但一開會就要耗時四到五個鐘頭。他也常在夜時到我家開會，內人會準備宵夜。翌日早上他會打電話來辦公室問昨夜的討論結果是否已經設計出來。

我一聽這一不循常理的話，就回他：「你不是你母親懷胎十個月才生出來的？」他回答我：「我是早產兒。」從此之後，他會預設「懷胎期」給我公司專戶人員。我會問事情的工作「懷胎期」有多久。他會笑笑做指示。

在一個寒冷的三更半夜，有人急促敲門。被弄醒，開門一看，就是堀經理，不讓我開口，他就快說：「救救我！我公司員工明天就要罷工！」我問明具體時間，就說：「給我懷胎期，明天一大早，我就幫你忙。」我趕緊找關係，翌日下午的罷工就停止了。

我找的關係是蕭同茲董事長。真是的，有關係就沒有關係。

七年松下AE的磨鍊，給我做人做事的機會，真感懷！

獻寶拉人進來

推廣「台灣品牌」，要有「推出」與「拉進」的方法。台灣的官民過去較重視且擅長於推出，鼓勵商品外銷，人民到外地觀光等；近年則有邀外國人來台開會與觀光，拉「人」進來則「錢財」也隨著進來，不失為妙方。

我曾參與拉人來台北的國際大會多次。有廣告的亞洲廣告大會、有扶輪的國際年會、有市場的亞太行銷聯盟大會等。年歲大了，回憶不出幾個，真見笑！

有一年，應是美國雙子星大樓被飛機衝襲的那年，台北正準備著翌年要開的亞洲廣告大會，我是籌備會的副主委兼執行長。

一聽到恐怖攻擊的消息，我馬上召集籌備會幹部商討對策。會中，人人有苦瓜臉而束手無策。人人憂：

一、各國廣告人可能會中止前來。

二、邀請的講師可能不來。

三、國內的聽眾會減少。

四、早就預定的交通車、旅館、餐廳等要取消或減少。

我在會中要求籌備小組，即刻：一、減少開支；二、取消或減少預定契約；三、速與各國廣告機位聯絡；四、不能束手無策，要靜觀其變。

日子天天過，情況漸漸好。終於靜觀其變，等到了開幕好日，天保佑了台北廣告人。

來自國外廣告人真是冒險來台，在國內廣告人則在祈求平安中日日過日子。

結果歡天喜地完成亞洲廣告大會。人人平安，會議如期舉行，且有結餘，用以買了大樓一層一角落，讓台北市廣告代理商業同業公會有固定辦公場所。

如今回想之，真是苦盡甘來。拉進來的廣告人給了台北廣告人、台灣人民莫大的鼓舞。

另有一次是國際扶輪年會台北大會。這次我是籌備會委員兼文宣推廣部主委。任務是拉扶輪人進來台北參加年會。

我使用的方法是扶輪人必讀的雜誌《THE ROTARIAN》上的編輯式廣告。這種廣告手法在國外相當普遍，該雜誌答應刊登八次。我交待同事找資料，有關外國人會感興趣的十件，如政治、經濟、民生、農產、民俗、住民、動物、交通、建築、學校等，沒想到說好八篇，但去了十件就登了十篇。

推廣活動的主題是，「乾杯在台北」，甚得外國人在喝酒時喜愛。

文宣推廣的結果，拉進來的國外扶輪人居然超出目標的一〇%。於是立即展開緊急應變：旅館到基隆、中壢、淡水去找；開幕典禮分上、下午兩批舉行；移動車輛增加……等。如此報名人數超出目標應是喜極而泣的高興事，卻增加了工作量，增加了費用支出。好在籌備小組鎮定從事工作，使國際年會順利完成。拉進來國外扶輪人在在滿意，時時歡喜。

這種國際會議在台舉行需要國內硬體設施及軟體內容的全力支援，才能使來客滿足。

總之，「乾杯在台北」，是友誼手段同時也是熱情表現。

審議走出去的品牌

要推廣「台灣」這個品牌會相當棘手。

但，這次奧運二〇二〇大會上偶爾會聽到台灣的名字，卻未聽反對之音。台灣選手這次得了二金、四銀、六銅的獎牌。上台領獎，在主辦人喊「台灣」後，台灣選手應會知「台灣」就是他（她）所穿在身上的「中華台北」。主辦人未喊中華台北的選手上台，只喊台灣，就有選手上台領獎。沒有真偽的甄別手續，好像只有事前的默契，或是主辦人的脫口而出，卻正中台灣選手的心中所要。這是偶然的錯誤或必然的習慣!?

要說推廣「台灣」於世界各地，外貿協會應已行之三十年。但，這次東京奧運二〇二〇定會幫「台灣精品標誌」不少忙。

當貿協給我去當審議委員的機會時，我即刻認為這是做為一介公民應該從事的難得工作，只是要事先報告葉明公獲取同意才可。

葉明公指示為台灣品牌做事雖非業務可進帳，但應是公司的光榮。這一做，做了二十六年的審議委員，其中還兼了幾年的召集人。聯廣公司照常上班，貿協審議工從缺席。

審議工作經歷了兩次的型態改變，前段幾年是先審議廠商的書面，挑選後就到廠房現場審議，同時進行質疑問答，充分獲得雙方交流溝通機會。這對規模微小的廠家有名師當面指點的益處。

但這種到廠審議發生許多需改善之處。如往返的交通時間，如一天僅能審二到三家等。貿協改善之，改為廠家來台北做簡報，並進行問答，而產品亦在貿協展示。此審議方法，應可解決時間問題、經費問題、行政問題等。已沿用多年，似有效。

不管審議方法如何改變，我一貫的主張是：品質優先於品牌，先求品質之優良，再謀品牌之推廣；品質由廠家全心管理，而品牌則由貿協全力推動。

幸而幾番鼓吹後，參加廠家之產品品質有顯然可見的進步。審議委員個個異口同聲說「讚」！聽在耳裡，看在眼中，直覺花心思在台灣精品標誌審議上，人生真值得！

布偶補虧空

有一年，MCEI（國際行銷傳播經理人協會）在澳洲墨爾本舉辦年會（除主辦都市墨爾本外，又有東京市會、大阪市會、台北市會、日內瓦市會、安特羅普市會），由墨爾本市會理事長芭芭拉女士主持。

來客盛況空前，參加者個個抱期望，想抱抱無尾熊，看地處偏僻的墨爾本市行銷，吃乾淨的帝王蟹等，也借地聽取其他各市的講演案例。欲望人人有。

大會內容，滿足了人人需求，應是成功的亞洲行銷傳播大會。

只是近大會尾身時，主席芭芭拉找了MCEI東京會長水口健次和台北MCEI會長我喝咖啡。咖啡未進口，她就大吐苦水。云：「大會雖成功，但財務卻失敗。產生虧損。我須負責。你們可否分擔一些？」我當場就建議：「我帶來了布偶一個，本想送給妳芭芭拉。現在就把布偶孫悟空拿去拍賣，得款就補虧空。回台灣後，我另寄一個布偶孫悟空來給妳。」

芭芭拉依我之言，在會場拍賣，得款悉數補損失，尚不足。東京水口捐出錢補滿了金額。我也參加了生平首次的拍賣會，拍得了芭芭拉會長所繪的一幅畫。

拍賣所得超出了損失金額。芭芭拉一聽此難得的數字，馬上破涕為笑，喜極而泣。

MCEI人真了不起，個個心中有愛！助人為善的行為令人尊敬！

盡力為公，嘆力不足

一生有其半從事廣告事業。廣告時就職於私營企業，但所做訊息傳播工作卻是針對社會大眾的公眾。

懷想起來，為使廣告能走向科學化，常苦惱於廣告的傳播媒體不能提供客觀的數據。為促使廣告媒體走向數據化，若遇有此機會且受邀參與，就樂於接受並高興參與。因為，這是廣告業的公事，廣告公司的從業人員需要此資料。

參加過的求天下為公的工作，有很多種。玆簡要一一道來。

首先是廣播節目評鑑工作，這是由新聞局所主辦的，由學者們組成委員，而我是以專家身分加入的。我常捫心自問，得以參加評鑑工作，是因職業關係常使用廣播媒體來替企業客戶傳播其商品，這就夠資格為專家？

這評鑑工作，就跑遍全島。每到一家廣播電台，我就提問：「你節目的收聽人是誰？」我得到的答案是「凡是有耳朵的人」。真是妙答，且是多家一律同調。

二問是：「空中藥房有推銷效果嗎？以何為基準？」得到的答案是處處電台幾乎相同：「有效！要不然，怎麼會經年累月做廣告！」

其次是加入九人小組，研究解嚴後報禁是否該解禁？這是新聞局的重要工作。

研究小組人員在王洪鈞教授領導下全是學者，沒有業者，我是以專家身分受邀的。

幾次的熱烈討論以及多次的爭辯，終得結論而興高采烈地將其送給政府做決策參考。九人小組的建議如下：

一、在民主政治的前提下，報禁要解除。

二、在新舊報紙同時存在市場下，應限制舊報紙的優越性。

三、報紙張數應開放，但要禁止分版。

如果政府接受報禁解除的研究建議，將是繼解除戒嚴後一大德政。九人小組成員人人殷殷期盼。

後來，政府果然宣布解除報禁，人民獲得言論自由權，人心感快。

我還曾經以專家身分被邀加入「第四台無線電視審議委員會」，被委員其推為主任委員。

自從報紙刊登審議委員會之成員結構後，電話不停作響。有民進黨色彩者，有國民黨主持者，還有民間人士。說不堪其擾，是有些失禮，但想要電視台開播執照者在當時似如過江之鯽，尤其是熱衷開放政治者。

在當時，台視是由省政府、日本資本家投資；中視由中國國民黨為主要投資人；華視則由教育部與國防部投資。民間人士大都認為中國國民黨在操控輿論，顯有不公平之抱怨。

來電者都在推薦某某投資者，有說：某投資人要與現有三台者擴大服務；有說：某投資人可注入新聲，播出節目不同於當今引人不滿的節目；有說：某投資人將傳播文化、藝術、史地等之一新耳目之節目……等等。我都是傾聽，只是心中自有一把尺。新的電視台要能掃除民怨，使全民皆有視聽之滿足，方有足夠價值。

廣告固然要提昇商品訊息之傳播創意，也要有目標對象明確的傳播媒體。廣告必須是真實的，也須正確的。

從上觀之，我從事廣告業，也參加廣告媒體的改革作業，新設慶事等只有一個想法，那就是廣告人若想要受社會，企業之尊重，重點在於：

一、廣告是真實的；

二、廣告是可量化的；

三、廣告是助人的。

可惜，台灣的廣告尚未能達此水準，我就下台養老了，美好感懷要留在來世了！

站在門外癡癡等

二〇二一年四月十四日，有報紙報導了華視慶五十週年的消息。

華視成立時的大股東有教育部、國防部及民間企業等三大類。之前成立的台視以新聞報導掌握民心，其次的中視則以連續劇節目及彩色播出贏得人心，而華視則是殿後的一台，其特長則在收視可擴及全台。

華視第三台、是後進，爭取廣告播放處於不利地位；然華視不甘示弱，將其進市場較人後的弱點，轉為廣告、節目可普及全台的優點，與其他二台爭取業務。於是業務部人員就時常出差於南部。

南部有豐沛的廣告廠商，如統一企業、英倫公司、耐斯企業等。這些廠商都有商品鋪貨在台灣南北各地的，華視播放網伸及南台灣，正好符合需求。這較已有的其他二台，在成本上較低，在品牌上更強，在通路上更密，在顧客上更眾，正是南部企業正需要的及時雨，大大有助其行銷市場推廣策略的執行與推進。

華視起步較晚卻能生存則今日，雖由全體員工合作努力，如西螺七崁節目。然一人率領的強力是當時廣告業界所公認的。

那位發出強大力量而吸引人心的，是時任副總經理的蕭政之。

蕭政之官拜中將，就任華視副總經理後，他就到廣告廠商、廣告代理馬不停蹄地奔走拜訪。每到一地，他總會表示不懂業務、不知廣告，請多多指教等語，語氣至為謙虛而誠懇卻強而有力，吸引了眾多廣告人答應配合或支持。

蕭副總有一次去南部拜訪廣告客戶，適值客戶在開會，自認未先預約，乃願等。且在會議室門口站直著等。誰知一等就是十來分鐘。

就這樣子，開門了，主人才見門口外站立著訪客。主人聲聲陪不是，忙邀走進會客室。

從上觀之，為華視爭取業務的蕭副總自動去拜訪客戶，而打死不退地癡癡等待，完成了訪客的任務，完成了困難的工作，為華視奠下了好公關好評語。其敬業態度令人佩服。

總之，這事件發生在五十年前，而刻印在心中久久，如今觸及報紙報導，往事又鮮明浮現，實令人感懷。

五點鐘會下樓來

台視是台灣第一個電視台，是由台灣省府、民間，以及日本的電視台共同投資而成的。

設台之初的節目，令人好奇，有如在家客廳看電影。其電視新聞則令觀眾雀躍欣喜，一天有早、中、晚等三次的播報，大眾感方便。至於其影片節目則使人叫絕，均是美國片或日本片，品質均優，情節均善，受人喜愛。

創始之初，廣告來源旺盛，且有日本品牌之來源，得天獨厚。許多台灣廣告廠商困苦於報紙之分版搶不到版面，只好將預算轉移至台視，而舒一口氣。

後來一九六〇年代末，台灣頒布了「獎勵外人投資條例」，帶來了外商來台投資，由此有外國品牌出現在台灣市場。因在台有眾人崇拜外國品牌，唯一的電視媒體台視就開始內製外牌的廣告，台視得其利，旗開大勝。

但，在一九七〇年代世界發生石油危機，台灣市場受波及，廠商縮小支出經費，廣告投資亦在其中。這使電視台收入減少，老牌的台視亦不例外。

此時三家電視台的廣告策略是「買黃金檔就配低檔」，而有別於一九六〇年代末期及一九七〇年代初期的「要一個檔次就陪一場舞」的欺勢凌人。

一九八〇年代台灣景氣茂盛，電視台享受其惠，錢滾滾而來。但，市場區隔觀念於此時興盛，廣告廠商藉重收視率調查而決定其廣告預算，安排其廣告檔次。如此，廣告廠商謀求廣告之有效性，廣告代理則苦於擬定GRP與CPM的廣告普及率與廣告有效率——電視廣告的客觀性作業被要求。在這種狀況下，廣告媒體的電視業務就苦哈哈，再也不能高高在上地分配有限的廣告檔次了。各電視台的業務員也順勢比過去更具科學化、客觀化、比較化精神，而更尊重廣告廠商、廣告代理了。

過去一直以來都尊重廣告代理的台視總經理石永貴，就勤於和廣告代理商保持密切往來，且指示業務員要改善態度，要提供數據資料，要說明利人化。

他甚至每日下午五點就走進業務部與員工共同作業，以推銷當天晚上的播出檔次。他的聲音常使廣告人不信以為真，但會下單增播。他的工作態度令人感動也感懷至今。

做事馬虎不得！

六六大順。當年聯廣的營收目標是在六千六百萬元。他應聘來台時六十六歲，真巧合！

他，武藤信一先生，由顧問而至副總經理，在任期間有六年。他從日本最有聲望的電通公司的創作局長屆齡退休，便去東京某基督教會擔任刊物總編。武藤信一副總經理擅長於商品定位、文案撰寫；他為人親和，做事嚴格。

他在電通任職的四十餘年期間，廣告作品曾獲國內廣告獎如TCA獎，國際獎CLIO獎，NYF獎，SAWA獎……等為數不少的獎項，可見其廣告作品具有藝術觀點、普世觀點、傳播觀點等。自從他任職聯廣創意總監後，聯廣在時報金像獎、經濟日報金橋獎等國內廣告獎上獲獎連年均居高。

他，武藤信一副總經理，是經過國際性雜誌《讀者文摘》的日本地區總監市橋立彥之介紹，由我前去東京面試的。我一見他就喜歡，交談後，我就認定他是會協助聯廣成長的人；從廣告作業，從廣告創作，從廣告業務，從廣告認識等各方面來看，再從其為人處事來看，是極為合適的人選。

他成為聯廣的主管後首先舉行創作部門的會議以瞭解狀況；隔時日後，與業務部門開會，以瞭解業務與創作部門間之溝通狀況。經過他的努力探討，兩部門之溝通更為暢通，減少了許多重做之情形。

經他督導的日本廣告商品，甚獲日語系廣告廠商之肯定、信賴；他還接受我的建議開設了日語進修班。

聽到員工報告，說業務處長葉菊蘭離職而去擔任交通部長，因公出差去日本訪問日本國工交通省，使用日語與日本大臣交談時，我大為吃驚並感慰，葉菊蘭由不懂日語而至公務交談使用日語，這與她努力不懈有關，也應與武藤副總的教導有關。

在聯廣，精通日語者有徐達光與楊朝陽兩位副董事長。但，他們不訓練員工的日語能力，而忙於市場分析、品牌盛衰、媒體變遷的狀況。這兩位對聯廣成長有貢獻。前者主外，後者主內，理應配合無縫。但，組織卻不是如此運作，需時時緊張地、細心地縫合其嫌隙。而武藤副總有時會向我訴左右為難之苦。

武藤信一副總來了聯廣半年後，我請教他對於聯廣員工之觀感。他說：「常聽到員工在工作時說『差不多了』或『馬馬虎虎』的話，」他說做事不可以有這樣的心態，而應有徹底的、挖深的、仔細的、完善的工作態度。

誠哉斯言。我馬上在朝會時要求戒之。

武藤副總的苦口「爺」心，從此發生效果。

總之，他是廣告專家，他是人生長者。他在情不捨下，七十三歲時回日本去擔任有關傳播的專門學校的副校長。

他的為人作事以及那時的聯廣，實值令人無限感懷。

下班後的會議室

下午五點半過後，有關員工走進會議室，而無關員工則走往室外。下班後的活動就要開始了。

做為總經理的我早就在室內了，對著進來的員工伸手道賀。嘉獎會或感謝會就這樣展開。

會議室內沒有任何布置，唯有人人的喜悅笑臉點綴了光輝。

大約該來的都來了，身為總經理的我就開口說：「感謝大家了，」並行個禮。室內掌聲響起，室外也跟著有笑聲與賀語「恭喜」傳來。聯廣辦公室充滿了喜氣，真令人感動。如今想起來仍會使人微笑。

當年設立這種活動是想要嘉獎有功勞於公司的員工，對於辛勞的員工總經理也願公開致謝。這種嘉獎或感謝的茶會不拘形式，人人都可道喜、閒談，或使用會議桌上擺放著的飲料或餅乾，全是聯廣既有客戶的產品，在員工與高采烈之餘能記住自己的薪水是來自於這些品牌。

茶會進行至高潮時，會有當事人來進行爭取成功的報告，如此會使員工知道新客戶的進來，也知曉舊客戶的新榮耀。如此在茶會中由得主親自發表消息，定會引起其他同事的追逐心、競爭心，因不甘落人後，而有激勵效果。競爭會使人進步，聯廣下班後的嘉獎茶會引起了彼此間的和平競爭，實是得天獨厚。

迄今，雖已脫離聯廣、置身事外，然當時的茶會情景則仍歷歷在目，難以忘懷。

選人送日進修

一九八〇年代，我被指定擔任聯廣總經理，又忙於受邀擔任的日本民間社團公益活動之台灣聯絡代表。公司內外均忙，但忙得有序。這是祕書江乃靜的安排得宜。

有幾個日本民間社團讓我又忙又樂，因而樂得去忙。

第一個是吉田秀雄紀念事業財團，第二個是高島屋一五〇週年慶活動基金，第三個是愛心輪基金會。這三個的基金會紀念活動均對台灣的大學教授、企業員工、身障青年的進修有幫助。如今想起聯絡代表的服務工作對人生認識更深。

第一為「吉田秀雄紀念事業財團基金會」，為電通所捐資設立。電通第四任社長吉田秀雄，對公司在第二次世界大戰後的戰敗復興卓有貢獻，召集亞洲各戰勝國的廣告業者於東京研討「廣告對國家經濟復甦之方法」有成就，乃有電通公司創立「東京廣告博物館」做為紀念館之永久機構。

吉田秀雄在二次大戰戰敗後，大聲喊：「廣告的時代來了。」積極設立市調單位，營業單位改為聯絡單位，設立ＡＥ為中心之作業體制，召開亞洲廣告會議等等。可惜英年早逝。台灣的廣告事業在一九六〇年代如雨後春筍般創立，宏觀世界吉田之「廣告有益經濟繁榮」的影響甚深。

二〇〇三年，該館專務理事藤谷明、職員齊藤充與我在電通春節酒會見面。藤谷明理事提及：「今年為吉田秀雄前社長百年冥誕，將舉辦『紀念吉田秀雄百歲冥誕教師研究方案』，邀請東北亞三國（台、韓、中）之傳播學、行銷學、廣告學領域教師赴日本東京研修，為期一年的研究費、住宿費、交通費、餐飲費……等，悉數由吉田基金會支付。共有三十個名額，台灣的人選想由賴先生推薦。」

我深感榮幸，但覺茲事體大，辭退之。財團藤谷露出不悅之色，我乃告知此事極為重要，需求公平徵求可在我主導下交由國際行銷傳播經理人協會來承辦。吉田財團之藤谷與齊藤聞之後就舉啤酒杯敬我，連說：「安心了！一切拜託你！」

人選之文件評審，問答面試在聯廣舉行。聯廣江祕書負責執行。順利完成之。於是台灣一年選出一名學者前往吉田財團基金會研究。

赴日進修研究的大學教授在一年後返台，必來聯廣面報心得。個個異口同聲，「感滿意」、「真難得」、「有價值」。教授們的收穫，使我心放下來，如政大翁秀琪教授說：「在日期間，我穿破了一雙皮鞋。但，很值得。」可見其研究的認真態度，也使我感懷。可惜，百年只有一次！

第二個談的是一五〇年創立紀念基金。這是日本高島屋百貨店喜逢創立一五〇週年提選出來的「獎勵亞洲通路人員來日進修方案」基金。

統一企業公司與高島屋百貨店有往來，將此事交辦給當時的徐重仁總經理，而徐總經理則將此有意義的案件交來好鄰居基金會。斯時我擔任好鄰居的董事長，乃欣然接受，而展開留學生的遴選作業。於是由我主導的赴日學員遴選小組就在短時內成立。遴選委員有日語專家、通路學者、前駐日人員、行銷主管……等。專家齊聚一堂作業。

赴日進修學員可享受下列優惠：一、日台來回機票費；二、在日進修期間之食、住、行等經費；三、進修期間為一年。如此簡單易懂。一年選一名，應徵者個個優秀，難於評斷。有的要去學包裝設計，有的要學玻璃器具製造，有的要學服裝設計，有的要學商品促銷……等。為滿足這些在職人員的求學慾望，好鄰居辦事員備極辛苦與日本交涉；擔任遴選的工作之專家學者備極辛勞，但佩服高島屋百貨店的企業社會責任，也感動在職青年之勇敢挑戰。

進修學員在受訓一年後回台，個個表示此生難得，學到了就業態度，望能有第二次。

高島屋百貨店選擇在新加坡舉辦結案典禮，是因為該地高島屋店之營業額居高於亞洲。結案典禮進行時，高島屋幹部當面對我說：「賴先生，謝謝你了。」學員有一人跑過來拉我雙手，哭著說：「我媽說這是騙局，但我沒被騙，我學習畢業回來了，謝謝你。」聽後，我莞爾一笑。迄今感懷在心，而來報告的這位女學員後來嫁給日本人，定居於日立市。

第三是愛心輪基金會。該基金會是樂清公司所創立的。樂清公司在日本是最大的環境清掃公司，早上上班前要齊聲念佛誦經。其企業理念是：「一盞燈照一隅，萬盞燈則照萬人。」多慈悲的心懷，多清澈的觀念。

該公司的業務除了人力打掃企業環境、民家室內外，還承包了大阪環球樂園的清潔洗掃，在台灣亦有業務。

為創立愛心輪基金會三十週年，樂清乃推動「國外身障青年留日學習計畫」。該公司伊東總經理云：過去日本的身障者的工作技能，均送到歐洲先進國受訓，現在該由日本來培養後進國的身障者，期使他們能獨立自主生活。「過去受人照顧，如今已有能力可回饋人家。」伊東有回報之心。真如先祖父在生前常言「「吃人一斤要還人四兩」。

好鄰居基金會乃依照愛心輪基金會之計畫，在台灣公開遴選身障者赴日學習，其赴日接受訓練之交通、住宿、餐食等費用，皆由愛心輪基金會負擔，且尚有零用金可領。

好鄰居基金會遴選後送去了八、九人，受訓一年回來後，異口同聲表示「太值得」，「從未有如此寶貴經驗」。有一年，好鄰居挑選出來頗有志氣才華的身障女青年，在地有人擔憂其身體狀況。但，愛心輪基金會卻認為可來受訓，只要調整方法即可，一年後，她受訓回來，興高采烈地表示：「要把身障者拉出屋門，鼓勵他們見識見識這個世界，別老是躲在屋內。」我亦深感到安慰。

上述三家日本公司都逢週年而舉辦活動。雖內容異，然樂善好施之心態則同一。

三家樂善好施者都是日本企業；其活動之受益者均是在台灣的大學教授、台灣的企業職工、台灣的身障青年；我能做為挑選人選的台灣聯絡代表人助日本社團完成週年活動，實屬幸運。

三家的挑選作業幾乎在同一個十年時間進行，而那一段我正是一家廣告公司的領航人。

兩邊安然渡過。迄今回想起來真要謝天謝地，也要謝人，那些支持者。我感懷在心極深。

筆筆有懷情

由台中市北屯國小考上省立台中一中，此事在鄉下引起騷動；因為這是村莊史無前例之事，其轟動程度不亞於誰家人在二二八後被憲警抓去之傳言。

在二二八事變時於消防隊擔任副隊長的二姑丈，為搶救台中市統治階級的高官眷屬免於災難，將其集中於一所安全處所。因人多，為省事，乃供應日本壽司，日本壽司在當時是台灣一般人難以吃到的高級食品。然這些官員眷屬未能認知受到安全的保護，在事後檢舉二姑丈等人之義舉。其理由是：被關在一起，如監獄；壽司有酸味如過期食物。

當時的法官認為告訴有理，乃宣判二姑丈等人有罪。其實官員眷屬避難的場所是高級洋樓，進出有門房在管理，而彼等所食用的酸味壽司，是在做壽司時，滴幾點酸油進去，以防過時腐爛致吃壞肚子。

法官不察此實情真理乃誤判有罪。二姑丈啞口吃黃蓮，無法當庭說明實情，一開口欲反駁，就以「槍斃！」一聲被強詞奪理。

被誤關幾年後，二姑丈在明理的法律下出獄。之後，他就榮任台中市工業策進會的總幹事。天公真有眼！

二姑丈為促進會務乃去比台灣更進步的香港出差。回來後，送我一支筆，是PARKER 21型鋼筆。這種名筆在市面上找不到。使我喜極若狂。

二姑丈送我PARKER筆時說：「寫下真實的故事！」我牢記於心。

我來台北，就職於廣告公司。二姑丈趁其出差之便，會來找我，並會邀我去吃午餐，常去的地方就是麗都日本料理店。我在那裡學會吃壽司。如今感懷至深。

我在國華廣告公司任職時，也因業務競賽而得到一支原子筆CROSS。這款式原子筆在一九六〇年代是稀有的，我喜愛它、珍惜它，迄今還在使用。

當年，在政大教書的張任飛教授要實踐學以致用，乃先後創辦了兩本雜誌；一本是《婦女雜誌》，另一本是《綜合月刊》；前者的廣告業務很不錯，後者的則令人嘆惜。因這個時期，台灣經濟在政府公布「獎勵外人投資條例」下有蓬勃發展之現象，但政治則仍在戒嚴之下，生產廠商頭腦清楚，會遠離涉及政治性報導的媒體，如《綜合月刊》。

有兩本雜誌同時在其手上，一邊使他高興，但另一邊則讓他苦惱。學者辦雜誌不能沒有資金，而資金來源有賴廣告收入。如何增加廣告收入？在諸多方法中他想出一套方法，那就是：對企業，增加佣金獎勵；對員工，贈送物品獎勵，雙管齊下。

對企業好處理，而對員工則要費腦筋，在動腦激盪後，終於辦法出現：其辦法是，舉辦年度業界競賽，業務員在某年度內，下單給《綜合月刊》最多的廣告員給獎，獎品是CROSS原子筆。

廣告業務員對此感到興致勃勃。因為獎品是世界性品牌，也因為競賽者是廣告代理業界。

經過一年再逐，終算水落石出，由國華廣告公司的賴東明獲得。如此，我透過業界的競爭得到了世界名牌的原子筆，辛苦有成，體驗了「有耕耘才有收穫」的道理。

第三支筆是日本PILOT鋼筆，是協助日本扶輪人佐藤千壽與台灣扶輪親善會時所受贈的。

當年佐藤千壽地區總監做米壽宴，台灣有一團人士受邀前往，人人受贈PILOT筆。而此贈筆上均刻有受贈人之英文姓名簡寫。受贈者個個感受佐藤千壽之友誼濃濃，誠意細緻。筆筒上的萌繪有兩隻白鶴飛翔著，表示兩國之扶輪親善，用意深刻，令人感動。

佐藤千壽從事電子工業，在台灣高雄加工區設有工廠。在其日本鎌倉的工廠裡有兩項設施：一是一座文物館，專門蒐集中東一帶地域的陶瓷；二是面對馬路有塊畸零地，設置咖啡館，盈餘悉數捐給身障團體。

佐藤千壽的做事做人實值令人效法。

我的第四筆是日本扶輪人土屋亮平所贈。土屋亮平從事地產業，並經營一座旅館於幕張。在旅館內一幅蒙娜麗莎的繪畫，掛在大廳向來客微笑，該幅畫是由馬賽克編成的，更難得的是其產自台灣鶯歌。

這十多年來，土屋亮平年年春天前來台南烏山頭。一邊種植櫻花樹，一邊觀賞櫻花朵，且向嘉南水庫建造工程師八田與一雕像獻花。

土屋亮平有意將水庫周圍及家舍地區營建成櫻花園區，讓台灣人不必遠渡去日本看櫻花，在自己土地上就年年有櫻花可看。他真是有心人，將兩國扶輪親善情表達在烏山頭水庫地區。他來台種櫻花，以協助實現心願。

他贈送一支MOUNTBLANC筆給我，真使我受寵若驚。感念他的誠意，以無功卻受祿的心情，在平常寫字作文時就使用它，眼前會浮現他的慈祥笑臉。

總之，派克鋼筆，克勞士原子筆，百樂鋼筆，萬寶龍鋼筆常使我面對桌子上的它們，心想遠方的他們。支筆帶恩情。

過動兒助學金

有位留日歸國的黃姓青年，有緣進入聯廣的關係企業聯旭廣告公司服務。我邀他入國際行銷傳播經理人協會來共同研究。

黃姓青年的兒子從小就過動。小學難容納其就學，黃姓青年就舉家搬至宜蘭，而在該地找到了適當的小學。

小孩的就學問題解決了，但，大人的就業問題隨之發生。這也沒有難倒黃姓青年，他就從宜蘭通勤到台北，據其言：「可在來回火車上想創意，看看書，不會浪費時間。」善哉！好會利用機會充實自己！

黃姓青年常問我有何書可讀，我總是建議或出借日本行銷傳播專家水口健次的著作給他。他很好學，做事也勤快，對人也和氣，在行銷傳播經理人協會

ＭＣＥＩ內的工作表現也很受理事們的肯定，而人緣關係則受會員們的尊敬。真是難得的人才。

可惜尚未發揮其長才時，就英年早逝。在ＭＣＥＩ理事們人人痛惜聲中，我提議募款以助其過動兒子小、中、大學等就學無憂。在所有理事們全體贊成下，總共募得了近兩百萬元。將此情以電話告知其妻，宜蘭那端電話聲音則是泣不成聲的謝謝。

這些募來的款由發起人ＭＣＥＩ保管，而由台北北區扶輪社來發放。這因為北區扶輪社有年年發放扶輪親恩獎學金之實績，而巧的是我同時是這兩個社團的會員。因此，在發放親恩獎學金時一同發給黃少年助學金。一起發，不會忘是其好處。

黃少年的助學金，在十年之間發放完畢。兩個社團的社員人人感心安慰，心中有慈。

總之，能助人是快樂。快樂於自己有能力。

警總來電

剛從外邊推廣業務回來，尚未坐定，祕書江就來告知：「警備總司命部來電。會再來電。」一聽之下，一頭霧水，難道有何違法之事發生於聯廣？是公司業務？是個人行為？真是百思不解。又想公司業務一向奉公守法，主管官署為經濟部，為何警總會來電？

在百思不解下，警總又來電；話筒接過來，對方就問：「你是不是公司負責人賴東明？」答以是，則對方接著問：「蔡某某，現在是否在辦公桌上？」我馬上看辦公廳，一覽無遺，看見蔡同事正埋頭若幹於其座位上，即刻回答：「是在位子。」意欲追問是何貴事，對方則已掛斷電話。

警總每天來電查蔡某人之出勤狀況，持續有一個月之久。後來斷續還有幾個月。我未曾告知蔡某人此事。後來他離開廣告業去政府機構擔任局長、考試委員等。好在當時未被警總挖走。

警總如此干涉民間公司之人事，應是因為在戒嚴令狀態下。除此之外，廣告業界亦多家遭受警告。

如有家廣告同業，代理電器品公司刊登一則廣告如下：

「鴻毛／細語／清晰可錄」，是一個錄音機的新上市廣告。刊登當天，就接到警總來電，警告該廣告有「為匪宣傳之嫌」，因為廣告中有「毛」、「語」、「錄」三字。廠商與廣告商一聽警總人員之警告詞頓時目瞪口呆。

除了警總關切之外，尚有新聞局之監督傳播，如宋楚瑜局長（時任）下令布袋戲節目不得使用台語發音，令電視台、廣告商憤怒，傻笑一場。

總之，政治干涉傳播自由，實不可取。感念先人之痛苦！

懷念的早會

依上班時間，我提前報到打卡。正在規劃今後的工作項目，聽到「早會時間到，請就地起立」，緊接著「國華十守則」之聲音響起。而後在場人人誦著：「一、工作必須自動去尋求，不要等候被指派後才去做」，「二、工作應該搶先積極去做，不應該消極被動」……。我合不上，也跟不上，只好洗耳恭聽。

只聞三、四、五，現場聲音宏亮而令人肅然。這是我上班伊始就受到的「感動歡迎」。但，頓時引起反感：一年半的軍隊生活，就是天天在「反攻大陸」口號下度過。唱久而未實現，心中會作嘔。

如今脫離部隊，進入民間組織又要在早會上背誦條文，這真如孫悟空逃跳不出頭頂上的圓箍，感嘆為何如此歹運。不過一想，反正吃人頭路，就忍受了，也頓悟了現在比過去重要，生活快樂比背誦條文更實際。如此勉勵自己，將小痛苦轉換為踏實地，一忍就心爽神怡。

後來有幸因客戶之推薦而進入北區扶輪社，扶輪社要每週開會一次。每週例會起頭就是唱扶輪歌，唸四大考驗。會場充滿著：「一、是否一切屬於真實？……四、……。」扶輪人所想、所說、所做的事應事先捫心自問，與事後自省共同形成自我成長的助力。可厭棄嗎？

有年帶好鄰居基金會之團體赴日考察身心障礙者之教育。在愛心輪基金會之安排下參加了樂清公司之早會。早會分樓舉行，開會先頭是唸公司理念，次為誦心經。只見人人真心誠意。吾心感動之。

事隔甚久，但其景歷歷如繪，令人懷念在心。

懷念幾個當初

一九五〇年代戒嚴時期，我出國留學不成，就賭氣留在台灣觀察時代的變遷、政體的變化、社會的變質。誰知客體尚未發生變異，而主體的我卻先發生變情。

首先是發生在中學同學林家的耶誕壽喜燒會。我依約前往，歡喜當中遇到了笑容甜蜜的蔡小姐，她是林太太的中學同學。我一見鍾情於她，從此結婚一甲子。

如今，尚懷念於心六十餘年前的壽喜燒。

第二個是發生於鄉下的中學，中一中同學陳把我介紹給神岡中學的校長嚴曙東先生，開啟了我人生首次的教書生活。教學工作並不輕鬆，鄉下學童不認真於課本，要為之解說再三，且要舉例。但一想到出國留學手續正在辦理，一通過就可離開教學工作而去國外當研究生，忍一忍應不會太過分。雖然後來沒去成留學，但那批初三學生好奇、好學、好動、好問的各種動作依然閉眼就浮現。五十年前的教學經驗使我懷念不已。後來，我敢接教席，而在實踐大學，文化大學、政治大學等執教，其膽量應是來自神岡中學。

至今，我仍然感念台上的老師與台下學生的互動：念念不忘送三明治使上課學生充飢以準時上課；與內人共同捐資以設置明梅廣告策略企畫比賽之獎學金……等。

能在台北之大專兼課起始點是朱老師，感謝當初他的「勸誘」。

在廣告人後期能抽出時間來寫作以發表專業看法，是因為《管理雜誌》與《突破雜誌》的老闆洪良浩。我曾將發表過文章結集成書，贈送行銷界、傳播界、政治界朋友，書名為《鈔票換選票》，一時洛陽紙貴。

我在中學時並不擅於寫週記、作文；但，能在最近十年來持續將拙文見於幾家雜誌，是有人為我打開了機會之門，且是陌生的人。

那機會是扶輪社在舉辦新年度的地區幹部訓練營。我以老鳥身分前往參觀，在會場上與新幹部扶輪人談論彼此將擔任社長的抱負、服務等，彼等之信心、憂心，在在於其口氣中透露。

我建議有人將它寫下來，以便後日參考。這時來採訪的記者江月琴小姐就說：「請最資深的人來寫！」眾菜鳥社長眾口說讚。因此，我的筆耕就由此年開始。

十多年來感謝《講義雜誌》社長林獻章先生，持續撥版面裝填拙文。實令我感謝在心。也感懷江月琴小姐在會場的「多嘴」。感謝！

四十餘年來我感到有自我成長，且又服務公眾，覺得扶輪社真是修身養性，利己助人的好社團。我喜愛它，它的週週例會很迷人，給我這種機會的是森永的總經理李炳桂先生。

總之，人生常會遇不期然的機會，會令人吃驚；在捉摸不定後抓住它，化為立志、轉為目標，就會成為美妙的回憶，會使當事者感懷不已。

有緣會千里再度逢

國際扶輪要在台北舉行年會，台灣真難得有這種國際會議。

我是扶輪人，被推為國際年會籌備委員會的委員兼任推廣小組召集人；在開籌備會時，有決議要去澳洲墨爾本參加國際年會，以推廣兩年後的台北大會。這時，同屬北區扶輪社的前社長朱炳圻先生推薦一位熱心且親和的台灣移民。這位朋友在墨爾本行商，擔任台灣同學會會長，很得在地人望。

當朱炳圻前社長說出其名時，我驚喜一番，是他！就是他！曾在一九六〇年代，與我共事的老同事。

他！就是國華廣告公司內部刊物《國華人》的編輯。當時他負責編輯，我負責籌錢，期使產業初期，公司新創之時期，能讓員工對廣告新行業有新知啟蒙作用。他與我共同編了四期，就被蕭董事長發現；除了一番嘉許外，蕭董事長也交待許總經理：這種教育性刊物理應由公司設專門單位負責，不宜由員工業餘去編輯製作。

《國華人》發行時，他利用週日上午來我家討論刊物內容、經費周轉。真是共同協力合作生產，以助人上進的忘我時光，如今還感懷不已。

他的名字是吳天佐，我等二人結緣在為公司同事傳播廣告的新行業、新觀念。這是首次結緣。

與他的復緣是在三十年後的澳洲墨爾本發生，我以扶輪人身分去參加當年的國際扶輪年度大會，帶一團人員在會場上宣傳兩年後的台北年會。推廣人員有航空小姐，展示物有關公戲袍，及台北的會場小冊、台灣小吃傳單等。

吳天佐天天以他的賓士名車送人送物又送飯，團團轉忙於年會會場與供應商品之間。若非吳天佐本人及其高級座車之幫忙，兩年後吾等台灣的「乾杯在台北」，也不會有人人稱讚的豐收。感謝吳天佐的全力協助，不止是為我，也是為台北，更是為扶輪。何況他與我失聯了三十年。

總之，緣分真是奇妙的看不見的漂流物，斷緣了三十年有機會復緣，又獲他極大的幫助。真是有緣再三。

感懷編《國華人》刊物之六十年前的青春，感懷籌辦國際扶輪台北年會之時光。此生真值得！

廣告人受動

亞洲有各國廣告代理業同業組成的組織：亞洲廣告聯盟，以期第二次世界大戰後興起的廣告業者有切磋琢磨的機會。台灣方面由台北市廣告代理商業同業公會加入聯盟為會員。這個組織是由日本會員——電通公司倡導而成的。

電通當時的社長吉田秀雄在就任後，有感廣告對經濟成長有莫大貢獻之「日本奇蹟」；又感於第二次世界大戰時日本軍隊曾侵略亞洲各國之愧歉，兩次在東京主辦亞洲廣告會議，一方面表歉意，一方面倡導。

亞洲廣告聯盟的年會曾於一九六六年在台北舉行過。後來，台灣經濟成為亞洲四龍之一而意欲再舉辦，無奈受到後來加入聯盟而成為會員之中共阻擋而事與願違。但，當有一年，台北再度提案爭取舉辦，又再度受中共之「台北是中國的一部份，無權辦理」來阻擋，參與的多國聞之，咸認其發言不當。這時有日本代表不慌不忙發言，云：「未繳會費者無權發言。」

此一句話讓中共無言以對。因該國已有幾期會費尚未繳納。

如此一句話，畫龍點睛，使台北取得了二〇〇一年的AdAsia亞洲廣告聯盟的主辦權。

台北方面的團長，公會理事長胡榮灃乃將此事報告上呈給總統陳水扁。陳總統擇期頒勳章給日本團的石川周三。在日本，廣告人受勳是平常事，但在吾等台灣則是稀奇不凡之大事。

吾等該高興廣告人受到國家元首之嘉許。希望下次是吾等在地人。

我感慨萬千，但也期盼萬分！會感懷在心！

經辦人交待的

加班也完了，滷肉飯也吃了；肩膀上背了靈敏度極高的收音機，走過北門，進入延平北路——我今天的第二工作從此開始。

我要走延平北路來回，任務是要測知我廣告客戶的廣播廣告有沒有在定時上按時播出，其方法是監聽店面傳來的廣播內容是否與我身上的收音機相符。這是需要小心翼翼從事之工作。

二者播出若是同一內容，則廣播電台有照實播出廣告；一聽有，就即刻記錄下來。事後統計、分析，就成為電台廣播收聽率。延平北路有兩邊，如此一邊走一次，兩邊監聽資料合計起來，就成為延平北路商店街廣播收聽報告資料。

此廣播收聽資料未必正確。我一邊從事監聽調查，就一邊想此法不對，應另謀他法，乃將此憂慮建議上司，而上司則云：「此法是客戶經辦人交辦的。客戶是空中藥房的大咖。我會慎重考慮。」他懷疑其操守。過不久，國華廣告辭退了此客戶的廣告代理。雖損失了業績，卻贏得了好聲望。

此事不令人感懷，卻令我感嘆。

當時廣告的主宰者是老闆本身，容易溝通，但會殺價。另一類是廣告廠商老闆底下設有經辦人，需要付媒體佣金回扣，而且不能明給需暗付。除了廣告廠商如此不按牌理出牌外，媒體經辦人中亦有陋習存在，卻非金錢回扣，而是吃喝玩樂的招待。

我在執行業務時，常會直接或間接遇到這種情形。雖由公司公開或暗中處理，但常使我心中難過。

在感嘆中，我堅定信念，要使廣告走向客觀化、乾淨化。這促成我去參與發行公信力基金會之籌設。

情人橋廣播節目

在一次廣告人的年歡會上，經人介紹認識了大咖廣告廠商，嘉義的英倫BK蔡連樹董事長。

在杯酒言歡裡，他吐苦水云：「英倫面霜遇瓶頸，該如何打開市場？」問之何意，則答：「銷售量不增加。」在現場的我，即時腦中閃出這是廣告問題，也是通路問題，也是顧客問題。但，當場沒有聰敏到可即時題解；只有默默帶回。

回公司後，即刻組成專案小組，日以繼夜，研討再三，終有解決方案之浮現，於是性急如猴地約蔡董事長見面提案。他也答應愈快愈好。於是翌日下午就在台北漢口街公司會議室簡報。

我們提案有：廣告使用語言由台灣話變為普通話：因此廣播頻道宜由民間電台改用中廣電台；傳播方法不再使用廣告廠商單向傳播，宜改為傳播者與接受者（會含概消費者）的雙向溝通。

具體方法是：徵求情書發表於廣播節目裡，如此可使寫情書者與讀情書者均能收聽節目。節目提供者可當媒人，於是廣播名稱可定為：

「情人橋」。

如此，並沒有推翻目前在市場上執行的廣告活動，而是強化了原案；現狀未改只是擴大而已，是精益求精罷了！

英倫面霜的蔡董事長在提案中一言不發，但在聽完後拍桌子，且說：「我請吃飯。」就這樣，公司獲得了一家大客戶的廣告代理權，而專案小組的吾等同事則透過辛苦的磨鍊而產生了業績。

當年為工作而拼命真令人感懷：要從心感謝郭承年、游國謙、郭純美……等同事，在事過近半世紀之久尚能引起懷念。

女人內衣大雅之堂

美援將停，政府為維持其政權，乃制定了「獎勵外人投資條例」。引進了福特汽車公司、輝瑞藥廠、武田藥廠、森永製菓公司……等國際著名廠家等來台投資，而德國的黛安芬公司亦是其中之一。

經過兩年建廠，生產後，黛安芬要將其商品上市，所要使用的方法是找經銷商、促銷、廣告、公關，新聞……等，而其核心活動則是吾等台灣人聞所未聞、見所未見的：十幾位外國女性，只著內衣在舞台上表演。

當時的台灣處於戒嚴令下，集會須事先獲警備總司令部之核准。而在其前則要文化單位的批准。於是我就代理黛安芬公司提出申請，因為我是公司任命的該公司廣告業務代理人。資料齊備後，我向在長安東路的新設單位文化局投件。

設局指派某課未審核。誰知，課長未詳細審閱就說：

「女人內衣，豈可登上大雅之堂。」

我回答「不會違法，不會擾亂軍心，不會敗壞風俗」等等，但無法改變其心。對方將文件扔給我，說一聲：「退件。」我只好往後退、離開其桌邊。我心有失望，情有不悅。正帶著不愉快的表情，垂頭喪氣欲回公司做失敗的報告而走到大門時，有人問我是來辦事嗎？我就具實回答，並分析政府的不是。要人來投資，卻不准人家銷售產品，而這個產品卻是台灣的人口一半女性所需要的！

這位身材挺拔的男士聽了我的訴苦後，就示意我跟他走。

走進一個房間，他就以電話與人談話。一會兒之後，他跟我說三天後再來。

三天後，我依約前往。退我申請文件的那位課長，雙手交給我一張紙。我心有害怕，惶惶恐恐瞄一下，差一點跳起來！拿到了，是許可證！謝天謝地！

救我的中年紳士，正是文化局的局長王洪鈞。他是首任局長，也是末任局長。因為後來政府改組，設新聞局而撤文化局。

後來，王洪鈞教授去政大教書，而後文化大學成立大眾傳播學院，邀請他出任院長之職。我為了回報他當年救助，乃以設立「明梅廣告獎助金」來代替圈花。感謝王教授！感懷久久。

沒有合約就沒有表演

在一般交易行為上，買賣雙方都需簽合約。黛安芬國際公司響應政府的「獎勵外人投資條例」而在台灣覓地、建廠、生產，一切如意進行。

如今有了商品，就要推銷於市。其商品上市的創意是女性著內衣上舞台走秀，表現其商品非常適合於環肥燕瘦，任何女性身材。

然這種表演，在當時戒嚴狀態下需要事先申請。何況女人穿內衣在舞台上活動，是空前的。

向警察局申請、向警備總部申請，均獲准許，均獲中央日報社的協助。文化局方面則由國華廣告去努力。雖然文化局經辦人說「女人內衣豈可登大雅之堂」，但最後還是在局長的同意下取得了許可證。

黛安芬的新商品就這樣在最新建成的國賓大飯店公開上市。三天兩夜的商品發表會，觀眾可謂冠蓋雲集。有經銷商老闆，有社團意見領袖，有傳播界大老，有行政高層……等。

產品發表會座無需席，掌聲滿堂，甚令主辦廠家黛安芬心滿意足。《中央日報》人員亦有想法，意欲另舉辦一場，以門票收入捐款給振興育幼院。

我深知其意圖，乃轉告專程來台的黛安芬小開。他馬上應允，只是要簽約，他說：「NO PAPER NO SHOW」，意即沒簽約就無表演。於是馬上告知《中央日報》商總經理，請其打鐵趁熱快速辦理雙方簽約事宜。商總卻認為以《中央日報》的社會地位、政治關係，何須以合約表達承諾？因而遲遲無動靜；相反地黛安芬人員則一見面就聲聲催。我被挾在其間真苦不堪言。

有一天，我望見《中央日報》曹社長在巡視表演會場。我就奮而前往向他直訴。他聽完後表示：「這是好事，報社絕對支持！」乃將此事告知商總經理，他的回答令人安心：「我上簽已多時。」

於是在證件齊備下完成了黛安芬來台的新商品女人內衣上市發表會。事後，我感到要努力：

一、做事要一板一眼；

二、要避開口頭承諾；

三、要欣賞他人的成就；

四、認識自己有信心；

五、善行可多做。

總之，不經一事不長一智，將來要培養的是：現場觀眾應有之禮貌，採訪現場的記者之規矩，而這些看得見的禮貌、規矩都應在家庭裡，在學校內加強施教，才不致在外人面前曝短。感懷之餘需自省。

一物能用則再用

斷捨離的行為正流行於日本，八個衛星頻道中就有兩個頻道在播斷捨離的節目。

斷捨離之旨，在減輕家庭內物品的雜亂，在減少居住者的壓力，實無可厚非，然如過度則會使居住者產生空虛感，找物難。

我從小就被養成勤儉節用的習慣：小學課本就使用哥哥用過的；小時衣服就用長輩穿過的；小時褲子就用美援麵粉袋縫製的；在在使用過再利用，真符合現今世界流行的三R環保運動。

是以往昔的教育與當今的流行，我都容易接受。物物再用或用過就丟，均在日常生活上嘗試過。再用或即丟的二者擇一行為，就以對物品的價值判斷為基準。

茲舉例，以就教讀者：

一、《點亮生命燈光》之出版。其中內容曾使用過於扶輪例會上。我曾擔任過扶輪職務，名為糾察，其任務有二：一為維持開會秩序，二為紅箱募款；為達成目的，糾察要用各種方法使社員照秩序規則行事，也使社員感滿意而樂於捐款。我使用的方法是，在執行糾察時介紹對人生有意義的廣告標題，也遵守扶輪人要宣揚自己從事的行業之守則。

這些廣告標題，後來成為解嚴後創立的《自立早報》的專欄內容。文章公開後頗受好評，吳豐山社長就建議集冊成書出版，書名為《點亮生命的燈光》，書封面寫上：生活饒富廣告創意，廣告流露生活智慧。

於是這本書就由北區扶輪糾察活動時所使用的單薄小紙張，而至《自立早報》的方塊專欄，再至成書上市於社會。好在當初的小紙張沒有「用後就丟」，而是留存於抽屜裡，所以幸得一用再用、再用三用，方得有此書《點亮生命的燈光》留存於世。（雖不是多重要。）

第二例是《樂活人生》。此書能出版是來自於親朋好友之催生。當本書內容一篇接一篇發表於《講義》月刊時，就不斷有人打電話來說明讀後心得。如：很溫馨、很平易、很親切等，請繼續寫下去，這種鼓勵激發我的勇氣；更有人勸我出版，且說文章集成書，會有更大的幸福傳播；舊文再用是符合現代潮流，環保之擴散等。

催聲再再；但，我怕台灣的讀書風氣不如日本旺盛，會連累出版商。有一天在早晨公園散步時遇到出版業大老蔡文甫先生，他對我說：「文章內容很有用於當今社會，尤其是年輕人、領薪人。你怕銷路，我替你出版。」這真讓我感到意外。真感謝他的專業眼光，我只有五體投地。

我感覺到雜誌文章可集成書冊，九歌出版社要為業界無名的人出書，膽子就壯大起來，於是《樂活人生》就出版。我感謝蔡文甫董事長的果敢，也感謝陳嘉男董事長之催聲，也感謝徐重仁總經理的建議。

一物可再用，別用完就丟。

感恩的人

我的父母

感恩我父、我母，兩人的愛使我出生於賴家。賴家在台始祖雲從公從滿清福建渡海來台，落腳於台中北屯頭張，開墾荒地來種田。在耕田之餘買賣土地，壯大了賴家家產。

父親是賴家第六代，曾在當地貢獻其力於豐營水利會會長職務、市議員、北屯區長、北屯國小家長會長、新民高級中學校務會董事。

父親給兒女的印象是：讀書、健康、人緣、正直、誠實、謹慎、有禮……等人生修養。

母親給吾等的印象是：慈祥、仁愛、善於料理、尊敬長輩、舊物再用、敬神憐人……等做人做事身教。

父母關心子女教育，所以田庄的小家庭就移居到市區。我幸而能就讀於台中師範學校附屬小學。但，不幸於小學四年級時第二次世界大戰愈來愈烈，乃舉家為避空襲搬回田庄。

父母對於我的婚事，不贊成也不反對。只祝福要能倆相好持久一生就好。

如今，感恩父母的做人正直、行事公平、待人親善。

父親的嚴以律己、母親的慈以待人，是我終生修身目標。

壽喜燒媒人——林景賢

感恩我的中學同學。他曾介紹其太太的中學同學給我，後來成為我太太。

我和林景賢是省立台中一中的同學。我們不曾在功課上切磋琢磨，卻在運動上比賽高低。畢業後，他去金融界就業，而我則去念大學；一個在台中，而一個在台北。每逢寒暑假，我返鄉，必會去看他，並邀約舊友來個小酌。

有一年的耶誕節，我被邀去他家享受日式料理——壽喜燒。去了林家才發現有女賓在座，經林同學介紹，方知是林太太的中學同學，個個尚待閨中。林景賢提高嗓子說：「都是未婚，除了我太太！」全堂笑聲響起。

這一鍋壽喜燒由林太太及幾位女賓掌廚，而林同學則向男賓勸酒。林同學好酒量，人人難敵，邊煮邊吃，邊吃邊說，邊說邊笑，六十年前的這一餐猶歷歷在眼前，既有趣又有益。

我與內人雪梅結婚，理所當然請了他景賢同學當介紹人。結婚宴在北屯國小禮堂舉行，景賢上台致詞，談戀愛經過，特意提到那一鍋。

我感恩於林景賢同學一甲子前的壽喜燒牽線，造成了一對男女結為夫妻。

扶輪引路人——李炳桂

他進口奶粉，嘉惠台灣的嬰兒，廣告以「健康、活潑」出現。

有一次進口奶粉是新配方的，有利於嬰兒的頭腦細胞，我建議進口商勝豐貿易公司，能否加進「聰敏」，而成為「健康‧活潑‧聰敏」，在現場的該公司李炳桂總經理即刻反應說：「家家嬰兒都是活潑的，而未必會是聰敏的。」就去掉活潑，而主打「健康‧聰敏」。

李總經理事後要做廣告總是要我在場。不管是報紙廣告，或是電視的「靈犬萊西」，或廣播的「母親的音樂」等。受到如此待遇，更加強了我的責任感。

做森永奶粉的廣告代理工作有八至九年，後來因事辭職。幫父親處理家務事畢，因緣際會被兩位年輕陌生人推舉為《動腦雜誌》創辦人。

失去聯絡甚久後，突然接到李先生邀約吃午餐，我仍約前往統一飯店。他說無三不成禮，在符合入社條件後，我就以 **Brain**（就是《動腦雜誌》的英文名）為名，成為台北北區扶輪社社員。直至今天已近五十年。

入社後，方知他不願擔任社長，他寧可坐在台下，每週捐錢又做扶輪服務。他有很高人緣，他次次出席例會，他的笑聲可震撼會場。社員人人羨慕我有這麼一位得人緣的社員當介紹人。

當我當社長時，入社新人增加不少。李炳桂先生憂新社員不習慣社風而退社，為防止新人退出，便自掏腰包邀宴之，以解說國際扶輪、台灣扶輪、北區扶輪等之扶輪知識，備極辛勞，使我感謝至極。因有他的奉獻，使當年社員數超過百人。後來第五十一屆面社員退社，數目可觀，卸任社長乃與我商量組成箍桶會來穩定並增加社員。

李炳桂先生的作為形成固定體制。總之李炳桂先生的照顧，使我的扶輪經驗更充實。他是我的恩人。

他帶我進廣告業——許炳棠

我從台中田庄寫了一封信，給素昧平生的台北市國華廣告公司總經理。真是有夠大膽，欠禮。我本有個留學夢，但因國內政局不安，當年禁止了赴日留學進修的措施，致使我改變想法：留在台灣也可學到政治學，何必遠赴日本去取經。做出這種決定是不甘情願，卻也未必是錯的。一黨政治專制如何與兩黨政治民主比優劣？

如今想來，未能留學的抉擇，應是沒有錯誤。因為，我在以後親眼看到，也親身體驗了台灣民主政治的成形。

在陰曆過年好幾十天前，我接到了國華廣告公司總經理許炳棠的來信。信中云：「本公司新創不久，正在招募會計人才，你資格不合。但，其他空缺，你如有意，正如來信中你所求，則請在舊年前來一趟。」

沒想到我毛遂自薦的信，居然得到國華許總的注意。我興高采烈，但半信半疑。不過還是信其有，乃去疑。信人總是會有好事的。於是整裝前往台北，拜見了許總。見面完後，我聽見「此人或可培養，交給你訓練」，只聽到回音，云：「好的，我會交工作任務給他。」

春節初五，我去國華上班，始知那位回音的主人就是業務經理林溪瀨。就如此憑毛遂自薦的一封信，一見面幾句話的面試，田庄囝仔的我進了當時新創的國華廣告公司，踏進了新有的廣告行業。而一進就未抽身了，樂當了有五十五年之久的廣告人。

我感恩於許炳棠先生，他給我機會去享受台灣的新行業——多姿多采，蓬勃發展，助人成長的廣告行業。

他帶我入聯廣——徐達光

當我在國華廣告公司任職業務員時，廣告業的競爭對手：台灣廣告公司業務副總經理徐達光，偶爾會來國華坐坐喝茶，談談新興行業的將來——廣告代理業的前景。

雖是職位懸殊，但我們對廣告代理業的前景卻有一致看法，即：只要國內經濟持續發展，就有光明前景；只要廣告業不斷充實實力、得到企業界的信任，就有興業旺盛的將來。

後來，父親就任台中的豐榮水利會會長，我就回家鄉代行家務。

聯廣成立後，我在台中家常接到徐達光的電話，談其聯廣新公司的將來抱負。後來加上該公司從日本歸台的副董事長楊朝陽，大談「廣告的科學」對廣告代理業之重要性。其鍥而不捨感動了我。

我在國華廣告時，就苦惱於廣告效果如何去測定。工作成效之認定，不能僅憑廣告客戶之一句話「賣出去了」、「做了廣告，為何賣不出去」——做為廣告人應知自己的辛苦有無效果，也應知是否對得起廣告客戶。徐、楊兩人之廣告的科學引起我的嚮往，更感這才是我要的工作。徐達光先生拉我進聯廣，做有數據作根據的廣告，是正中下懷的莫大誘惑。

後來家業幸得安定，我就去聯廣就業，從顧問做起，後來聯廣幹部率群離職，我就擔任副總經職務，協助徐達光總經理。再後來，葉明勳先生接任辜振甫先生為董事長，他就指定我為總經理人選，獲得董事會通過。如此，我就為聯廣之經營盡了棉薄。

能在聯廣享受，做一生廣告人，製作有科學根據的廣告，實是有賴貴人。徐達光先生是我的恩人。做事要緊握不放，是我學習的模範。

人生的導師——葉明勳

我去聯廣公司當顧問，應是徐達光先生與楊朝陽博士兩人的決定，而任副總經理則是徐達光總經理的意思，因為面臨著副總楊帶領了一群菁英離家出走，產生中空狀態。後來出任總經理，應是葉明勳董事長的決定。

有一天，正埋頭苦幹於國外來信，祕書來說：董事長有請。

進去董事長室，葉明勳董事長請我坐下而後說：「幾天後要開董事會，我要提名你為總經理。徐某人受不了員工集體離職的打擊，要讓他休息，你來接棒。」對這突如其來的命令，我有張皇失措，但馬上調整我的態度。停了片刻，我對明公說：「我過去所學到的只夠我在職位上使用十年，今後有請您多多指教，我也會盡全力去學習。」

他就說：「你做事，我負責。」如此，我就任職了。之後，就努力推廣聯廣的廣告科學化的業務。

就任總經理後，我才察覺聯廣員工有兩派，雖不明顯，但隱然有影；一派是舊派，一派是新派。雖沒有明爭，卻有暗鬥，此事定會影響公司之營業。我找來員工幹部曉以大義：舊公司人員有其汗馬功勞，新進來員工有其新技貢獻，二者合作，對成立的聯廣會有揉合功用。

所以我決定舉行月會，敦請葉董事長主持，而每週單位主管會報由我負責。至於他主持月會，則是在講故事給員工聽，幾乎都是歷史故事或台灣現勢，又語含有利組織的意涵，同事們都聽得津津有味，有淺移默化之妙，可化解二派之暗中較勁。另外，明公也採對策，例如：楊副董事長回台來，他召請徐副董事長以及處長以上幹部不分舊新一同吃飯，並要大家個個喝酒相敬。

明公的和事佬努力推行了有些年，直到楊副董事長被集團派去負責新成立的子公司（但仍然有不少員工隨他而去）。以後派系消失了，留下的員工個個死忠於聯廣。我也較能專心於做事。

我進聯廣沒有多久，就要迎接五週年。對新公司而言，逢週年辦喜事慶祝邀請客人，在公關上是有必要的。

做為公司主管的我，過去有見於鮮花在慶典上的功效不夠持久，乃想出「以現鈔替鮮花」，賓客贈聯廣，由聯廣將所得現金與聯廣本身捐出款額，轉贈給設有廣告學科系的學校，如政大、文大、輔大等。

我將此案提報請示。明公指示：送花舊習難改，要好好向顧客說明並請求諒解。至於現鈔要捐給學校廣告學系是突破舊習，不妨一試。

事後，甚獲好許，聯廣人也得信心，而受贈的文化大學則活用該捐款，年年舉辦「台灣廣告史研究」公開發表會。鮮花壽命傳延迄今。

明公宴請政治界人士、社會界名人時常常要我同往。其理由不明也易察知。我感謝他以此培養我的宴客禮貌，擴大我的人脈範圍，訓練我的酒量。我真感謝他給了這種機會，使我有長足的進步。

明公宴客時總比客人早到，說這是禮貌。我也學會早到。陪他耶天，同時喝那溫和香味的茶水，可洗去一天辛勞。他也會注意察看座位安排，以使客人左右鄰人都能暢談。開宴前，他會宣布聚會目的，使客人心裡有數。而在宴會進行中，他會請某某人打通關；很多客人怕醉，所以他有備而來，常備有一口杯，讓客人不會在意那一口杯的十二次乾杯。

葉董事長身體一向健康，但一次摔跤卻使他入進榮總治療多時。他在榮總治療時，我早因聯廣要改組而離開。即使已無關係，我還是天天去醫院見他。雖然他已無反應能力，我還是在其病床邊喊「明公您好」，即使喚不回他的生命力，我還是多喊幾次。

我進入廣告業，應感謝許炳棠先生；我就職聯廣公司，應感謝徐達光先生；我能擔任聯廣總經理，應由衷感謝葉明勳先生。將近有十年時間，我在聯廣，受葉明公董事長的教導，自覺做人做事有充實，有進步。

人生最感恩的人除了父母親外絕對是葉明公。

慷慨而有度量——陳嘉男

父母從世界一週旅遊回來，未說觀光情況，卻說：「你那個姓陳的朋友，值得交往。」

那位姓陳的朋友就是台英社董事長陳嘉男。他帶太太要在世界一遊，剛好與父母同團，我就拜託他照顧年老的雙親，並拉他去見我父母。

台英社是我的廣告代理客戶，專營進口雜誌，後來兼營直銷，銷售《TIME》、《LIFE》等進口物品，而其業績曾居業界前三名。

台英社能有此項代理權，是因離職員工之推薦。陳嘉男說：「疼得有價值。」培育的員工回饋了！離職員工有如此報答行為，老頭家應是大肚量的。

實際上，陳嘉男平常就是事事可包容的。

一九八〇年前後某天，陳嘉男帶我去拜見聖嚴師父。他對我提出議題：「在宗派各自有主張之下，法鼓山該走向何方？」我就從行銷觀點、傳播觀點提出看法。我在毫無準備下，憑過去經驗提出了宗教的看法。約一小時的討論，有了一致的想法，聖嚴師父似是極感滿意的樣子，送我至門口。之後，先母歸西方，陳嘉男陪同聖嚴師父來我台中家，行禮致意，聖嚴師父還誦經。吾賴家全體至感榮幸。感謝陳嘉男的關心與安排。

陳嘉男與我組團去瑞士日內瓦參加MCEI日內瓦所舉辦的國際會議。我倆吃著冰淇淋閒談MCEI事，談話途中，他表示願捐五十萬元支持成立不久的MCEI台北。當場我向他鞠躬三次，表示謝意。他的慷慨使MCEI順利運作，當今年年辦理「行銷傳播卓越獎」。

陳嘉男樂善好施，但他喜歡的享受，則是打完高爾夫球後的一杯啤酒與一碗魯肉飯。

他是我一生感恩的人。

志同道合的義士——徐重仁

好鄰居基金會在社會上頗獲好評。它是統一超商公司所創立的公益社團。有一天，統一超商總經理徐重仁對我說：「我們要設立一家公益社團。高董和我想請你擔任董事長，請你同意。」

我和7－11超商徐總已有幾年往來。其人做人誠懇、謙虛、正直、體貼。我同樣仰慕統一高董的高超人格、經營理念、三好觀念。因此我不經思考就答應。

我也自覺聯廣升我為副董事長，自我時間會比總經理時期更多，決定每週一次去好鄰居；但，要求祕書長人選必須是能力強、操守好、人緣良的人。徐總派出其員工——公關經理王文欣。我一聽其名，即刻表示同意，因為王文欣小姐是我政大教書時的學生。信得過。

好鄰居一成立就推動環境保護工作。開張首次就在淡水公路車站清掃，工作是撿取垃圾、菸蒂，其數量之多，使時任立委的蕭萬長大感又大嘆國民之公共道德需輔導提昇。

好鄰居得悉澳洲雪梨律師伊安基南正在推動「清掃世界」（CLEAN UP THE WORLD）之世界性活動，徵得其同意後參與。

統一超商與日本樂清公司有往來。樂清公司意欲回饋有樂清業務的各國，乃舉辦身障者進修。好鄰居認為機不可失，乃公開徵選人員，送去日本進修，一連有十名。結果豐收。

好鄰居有感台灣的美食店有減少之狀態，於是推動了「搶救老店」之活動。美食的老店要停業各有其苦衷，好鄰居就公開徵求老店報名，給予專家及補助之支援。

好鄰居搶救回來的（意即問題解決，願繼續經營的）有：淡水的餛飩店、桃園的肉圓店、頭城的芋頭冰店、豐原的糕餅店、台南的麵店、旗山的冰菓店……等等。這些美食老店，給台灣的老人懷舊，給少年期望，繼承是好事。

台灣的廣告業有史以來，一直為企業界服務，而鮮為社會用力。而社會上存在著眾多的廣告消費者。一甲子以來，廣告對社會人士做過什麼服務？

二次大戰時，廣告人成立小組以備羅斯福總統諮詢，**Ad Council**（即美國的廣告委員會）是也。而在日本，則由廣告廠商、廣告媒體、廣告代理等三者成立公共廣告機構備政府應用於公眾事務上。

某天，我提出台灣缺少了像它的組織。三個人異口同聲說：「我們來做。」徐重仁說：「我來提供場所。」而台英社的陳嘉男董事長則說：「我協助經費。」提議的我，卻被倆人指派為負責業務。於是我就出面邀請日本公共機構常務理事植條則夫（關西學院大學教授、電通公司前創意總監）來台指導。台灣公益廣告協會就此誕生，目前正在為台灣社會貢獻其力。

徐重仁如此地給我機會主持好鄰居、協助我成立公益廣告協會，又與陳嘉男和我組成立ＭＣＥＩ台北。上述三個機構當今仍在運動，嘉惠著社會上的需要者。

徐重仁真是我一生做事的恩人。

廣告的啟示

從廣告看奧運

——疫情之下，東京奧運如何應對與完成

二〇二〇年，在新冠肺炎疫情肆虐下，東京奧運延後一年。但其籌備工作仍持續進行，未曾停止，並於二〇二一年八月終於畫下精彩句點。

早在二〇一八年二月，久光製藥做為活動贊助商，就在商品「撒隆巴斯」標示著「東京二〇二〇奧運」而展開廣告。以商品外用鎮痛消炎劑，表明其為世界級運動會的供應商。廣告內文，如此訴求著：「貼在體上，邁向未來。」在日本，有句語云「體貼」，手摸重要人物而說：加油，別氣餒，從心底後援他（她）。體貼的行為充滿著對對方的關心與心意。這個貼布，也正是日本用來關心他人之治療文化的原點。

在人人躍動的東京，傳送驚人的、安穩的、感動的體貼，多多益善。當世人充滿元氣、充實健康地邁向自己前程時，將獲得體貼的支持。久光製藥如此祈願著。感謝久光製藥貼布之體貼，痠痛貼布對受傷選手貼在傷處是有效力的，真夠體貼。

雖言久光製藥的貼布廣告較東京奧運早了兩、三年，但比它更早刊出的則有野村金融機構之廣告。野村金融的廣告刊登在二〇一六年二月，是比延後於二〇二一年舉行的東京奧運，早了五年。

雖有點離譜，但提早準備總不會是壞動作，何況受了全球疫情的影響，中間產生許多變數。野村金融的廣告如是說：「為什麼，我，要這麼辛苦？為什麼，我要流汗？所謂光榮，還在有無之天裡。所謂光榮，所謂光榮？……運動選手的競爭已開始了。有驕傲，來支持日本的挑戰。」

野村金融早了四、五年提醒日本人，久光製藥早了兩、三年催促日本人。日本人是急性子，做事節奏快速，籌備計畫總是提前進行。這與吾等台灣人有甚大不同，「慢慢來」成習慣的我們，應改變此陋習。

於適當時機出現奧運廣告的有ENEOS能源公司，發布在二〇二一年七月二十三日，正是奧運開幕當天。ENEOS能源公司的廣告簡單易懂，即告知大眾「奧運與帕運火炬台所發出的火焰，是由ENEOS提供氫氣做為聖火燃料」。此為環保能源「綠氫」，製造時不排放二氧化碳，這也是奧運會史上首次以「綠氫」做為聖火的燃料。

火炬是奧運會的象徵。當初日本接手舉辦此世界性運動會之目的，意欲展示二〇一一年大地震日本受災後的復興狀況，一面安慰受災災民，一面向來此比賽及觀賽的各國選手、遊客，展現日本的活力。然而事與願違，原定二〇二〇年舉辦的奧運延期一年，而延期後的奧運被迫無法開放觀眾觀賽，創史無前例的奧運景況。這使日本人民失望，使意欲來東京的世界各國人士嘆氣，當然也使參加選手洩氣。一場場沒有掌聲，也沒有吶喊的活動，有何看頭？怎麼激起奮戰之心？但日本在疫情下排除萬難，努力讓全世界看見每位選手鼓舞人心的精彩比賽。

日本奧會為減少可能發生的冷落場面，決定加強各項演出的品質，尤其是一系列的火炬傳遞活動。這項聖火傳遞活動於二〇二一年三月二十五日，從三一一大地震重災區福島縣出發。一路上，約有一萬名火炬手參加，歷時一百二十一天，傳遍了日本全國共四十七都道府縣，並在開幕式上點燃聖火台，燃燒至八月八日奧運閉幕。各地所選出的火炬傳遞人都是代表性人物，個個有意義、具特色。有前網球選手，有前金牌得主，有前棒球投手，有鐵工廠老闆，有九十八歲的前體操金牌得主，有克服癌症的八十四歲老翁……等，受苦難方有今日的耐命人士。

其中，棒球界三大傳奇也出席開幕式傳遞聖火：行動不便的「職棒先生」長嶋茂雄，由著名打擊者王貞治與同具聲譽的松井秀喜兩人左右扶持，全程走完，展現了運動員的堅韌性格，一同完成火炬傳遞工作。沿路觀眾給予三人巨大掌聲，震天動地，為開幕式帶來最動人的一刻。將火炬傳給三名人的，是連霸三屆的奧運金牌得主吉田沙保里，她是日本女子自由式摔跤運動員。記者採訪時，她說：「當我知道要把火炬交棒給三人時，全身發抖，也流眼淚。」這應是日本人常有的喜極而泣。

開幕式的終點火炬之點燃工作則由日本網球選手大坂直美負責。此活動不僅在傳遞途中讓觀眾維持基本享受，也增強了觀看電視收視的可能性與期待性。日本《讀賣新聞》則在火炬巡迴日本全國時，天天以半頁以上版面介紹火炬傳接人，其讀者服務真細微至極。火炬傳接者個個有笑容，因為他們傳接了「聖火」，才可連接至奧運開幕。其工作既有責任又有光榮。

奧運會進行中，新冠肺炎疫情也侵襲日本，其勢難擋。大會主辦單位為求選手的安全刊登了一則廣告。該則廣告主要告知，因疫情關係，致使提前來此的外國選手團未能操練，當日開始總算有了第一號在群馬縣太田市的操練機會。七月二十一日在福島的球場將會有澳洲與日本的對抗賽，東京奧運就從此開始。該則廣告特別向選手及大眾告知，為力求東京奧運會的全面安全，主辦單位盡力推動安全措施，邊注意感染狀況，邊進行最妥善的準備，可見選手多辛苦，主辦單位多艱辛。該則廣告有六十一家廠商聯名，刊登日期是七月十三日，距開幕尚有十天。

七月十六日又有類似設計的廣告出現。雖沒有聯名廠商名單，唯有細小至微的「公益財團法人奧運、帕運競技大會組織委員會」之小字，但講話人有表明其身分，廣告就有信用。這一天的廣告以後援會為對象，訴求是為大眾的安全，即使不能在現場也要傳達後援信息：「觀眾席坐滿了觀眾，歡聲響徹了會場。東京奧運所追求的美景，已無法實現。想在會場或沿路觀賽的各位觀眾，大會已無法完成你的願望，實在抱歉，請你諒解。即使你無法前往會場或路邊。但，你們的心想支持，一定會傳達，這些會成為選手的巨大力量。主辦單位堅信如此。所以請傳達出你們的後援信息。從電視機前、從電腦前、從手機上，你的熱烈加油，將會灌注在全力表現的選手身上。從你所在的場所，以你的情緒、心態，鼓勵之，後援之。」

從上觀之，主辦單位千辛萬苦來舉辦這延後一年的奧運，而主辦國的日本則忍痛犧牲來承辦世界性活動。

總之，這場國際競技大會，在很多人不看好之下，完美達成。實令人叫好按讚。

廣告助政府行政——小型篇幅廣告系列

政府要治理國家，需將其政治理念、行政策施告知國民，國民遵守其法律規定完成之。此故，政府要透過自我宣傳或媒體傳播宣導，以期使其政治理念、行政策施之告知更普遍，而收施政效果。

茲舉例日本之例。日本政府使用報紙為宣傳媒體而在其上刊登廣告，依其行政之時間性、地域性，對象群而有大、中、小版面廣告之不同。茲以小版面來看日本政府之施政廣告。小廣告有提醒作用，政府要人民不忘在莒。

例如：日本政府分別在二月七日（日本戰後割讓領土投降，政府要人民記取教訓，以壯收回之力）、八月一日（二〇二〇水災後制定「水之日」）、八月十五日（終戰日，日本經過日清、日俄、日華、二戰等，戰歿者眾，政府刊登「全國戰歿者追悼式」廣告）三個紀念日的「當日」，刊登廣告在《讀賣新聞》，提醒大眾。另外還有幾個小型廣告在使人民瞭解捐血救命、參加文教活動、勞動公平之對人對己之重要性。

政府藉由廣告推行其政策，在廣告創作方面也會力求簡單明晰、少字而力強，也會挑選廣告刊登位置。小型廣告刊登位置均在《讀賣新聞》之頭版「編輯手帳」左邊。據說讀賣新聞的編輯手帳是該報的招牌。讀報注目率很高，站在其左邊的政府小型廣告相信也會引來注意。使用此版面、版位者，政府各部門均有，如內閣府、厚生勞働省、國土交通省、總務省、文化省、警察廳、國稅廳、內閣官房等。

小型廣告，不過寬五公分，長一〇・五公分。其大小有似台灣戒嚴時代的《中央日報》之報頭下版。當時的高官巨賈多要注意這個小版面的廣告，因為有婚喪喜慶之消息，絕不可不知，以免失禮或失職或失業。

這些政府的小型廣告刊登時機似有符合時節，能產生聯想效果。而可促使國民即時採取行動。日本政府真懂廣告。

總之，日本政府的廣告，其目的在宣告施政而選擇注目率甚高的版面、版位，且符合時節，真不亞於經年累月常做廣告的大廣告廠商。

廣告助政府行政——中型篇幅廣告系列

政府施政會嘉惠眾人，但受益的眾人是有大小之分的。是故，政府可依其行政案件之大小性質，將其廣告版面分為小版級、中版級、大版級等。不管其版面之小、中、大，每件廣告都在求達成傳播的效果，讓廣告受益人都能得知廣告商品或服務的存在。政府要做廣告，當然要將其施政項目化為廣告商品，則才有藉廣告來推動之可能，廣告才可發揮其影響力。

茲以政府的中型版面廣告敘述其狀況，與讀者共享。

第一則廣告是內閣府刊登有關商品券的廣告。其廣告標題是：要確認有附贈品的商品券。廣告內文是：「要發行有附贈品的商品券。為的是消費稅率的提高會影響家計，為緩和其衝擊且支持地域消費，你在購物時可有二五％獲益。稅率提高後的半年時間，可在地域內任何店鋪使用之。」

可見政府積極於搶救市場店鋪之業績衰退。且在鼓勵人民增加購物，以期振衰復興國家經濟。

第二則廣告是厚生勞動省的廣告。其廣告內容表現分兩部分，一部分以漫畫表現，另一部分則以文字表現。

漫畫部分以問答方式呈現。其標題：你的發包有否苦惱？

其內文：

承包人：在庫品總是我們要負責。

注意點：中小企業發生在庫品之進貨或保管費用之負擔。

承包人：一天有好幾次被要求送貨。

注意點：不能有過度次數之要求。

承包人：被發包的大企業要求協助交貨在週六、週日。

注意點：我方設備之交貨、安裝之負擔，不可強求對方。

承包人：訂貨集中在年始年末，連休三天也要加班，下次連休令人怕。

注意點：要求標準化及適正性時，並要求成本支付。

至於文字部份，其標題為：大企業的各位，是否在騷擾中小企業的工作改革？內文是：四月一日起大企業要受制於時間外工作的新規定。中小企業適用則在一年後。為自家之工作改革，希望大企業不要增加中小企業之負擔。是以從這則廣告明顯看得出來：政府在支持中小企業之工作改革。為促成其工作改革不惜刊出廣告以排除障礙。

而第三則廣告也是厚生勞動省的。其廣告標題是「十二月是職業差別歧視撲滅月」。其畫面是職場上的男女，白領藍領、樓上樓下、上司下屬等，各個舉手贊成撲滅差別歧視活動，並在文內告知差別歧視對策研討會將在十二月九日以視訊舉行。偉哉！政府公平對待同仁，也在呼籲大大小小企業從善如流。

第四則廣告是國土交通省刊登的。其廣告標題是「無電柱化的推進，為防災、為交通安全、為景色美觀」。並標示十一月十日是無電柱化之日。寫到這裡，想起台灣的街景，電線亂飄在高空、亂爬在屋牆，招牌亂掛在牆壁上，真是眼花撩亂而不知誰在管理？

第五則廣告也是國土交通省所刊登的。其廣告標題是：「你知道嗎？『八方向作戰』」。而廣告畫面有一張是八支箭圍成圓型，箭頭指向東京都心。廣告內文則為「何謂八方向作戰？」就是救護首都圈的作戰。一旦首都發生直下地震，從郊外到都心的四面八方，一次同時進行道路的開啟，以確保人命救助、輸送緊急物資，以期復舊、復興之實現的作戰。災難發生後的四十八小時內，為目標最少有一條通路可使用來救災。日本官員真會遠慮。

第六則廣告則是東京都所刊登的。其廣告標題是用英文寫出，而以日文在其下註解，意思是「留在家裡」，為何要留在家裡？那是為保護自己、為保護重要的人，也為保護社會。東京都知事在廣告版面裡也寫下其求請文，其文為：「與都民團結一起度過此國難！新型疫情之擴大傳染能否抑止，全在都民的行動。願與都民一起保護首都東京。敬請賜以合作協力。」

東京都也有另一張廣告，其廣告標題為：「不問晝夜，請避開不要不急之外出」，而內文則有：購物或去醫院之必要外出也在短暫時間內；前往他縣也請自肅；上班者數請減少七成；請積極採用視訊或時差之辦公；飲食業者請縮短營業時間，朝五到夜八。

衛生環境良好的日本被武漢肺炎搞得天翻地覆，實出人意料。好在吾等台灣，由於官員處理得宜，人民安分守己，幸得平靜無恙。感謝官民合作無間。

總之，日本政府時常藉用廣告來推動其施政，而廣告也不失其望，助其推行施政。廣告可以以面積小版、中版、大版來傳遞政府的施政信息。本文是中版廣告，貴在詞能達意、打動人心。

廣告助政府行政——大型篇幅廣告系列

日本這幾年來景氣不振，三一一震災，加上最近的武漢疫情、政權更換，雖不至頭破血流，也備受頭昏腦脹之苦。

政府要管理眾人之事，推動對策，除了舉行新聞發布會外，就是刊登廣告。舉例如下：

第一則是經濟產業省的廣告。其廣告標題是：「有沒有又買又打日本的未來？」其內文是：「滿懷志氣與熱情日日工作的各色各樣人或企業互助，迄今為止使日本經濟持續成長過來。對那個要承擔未來的貴重之嫩芽不可又買又打。凡是流在滿身的汗水，應給適當的代價。」

政府以廣告出面要求發包企業不可對承包企業有不合理的要求、有不公平的行為。為使在交易上處於上位的買主企業，不以其立場欺壓處於下位的承包企業，經濟產業省又刊登了一則廣告。

其第二則廣告之標題為「應首先需知。適正的交易是從這裡開始。」而其內文則為：「發包企業與承包企業要同時成長，先要學習有關適當交易的正確知識。」發包、承包是交易，交易要公平，不應有誰殺價、誰減料等等之行為。日本政府的經濟產業省或有見於、或耳聞於產業界有此陋規現象，乃以廣告出面糾正或阻止，多富正義感的官員。

第三則也是經濟產業省的廣告。令和元年（二〇一九年）十月一日，日本要實施「消費稅輕減稅率制度」，這會使消費者得益；但，會需要商店修改其收銀機。經濟產業省乃刊登廣告，提醒銷售商店要修改舊式收銀制度而改為新式稅率以對應。

其廣告標題為：「貴店收銀機能應對輕減稅率？」而其內文則說明：標準稅率與輕減稅率之一〇%與八%之不同；並列明規則一，與規則二，期使店員工作順利；又告知如現在導入對應輕減稅率之收銀機則可使用補助金。要以新制取代舊制實在要費苦心。日本經濟產業省要將稅率由一〇%減輕為八%，得要以廣告告知經銷商店，以求施政之徹底實現。實令人感佩其責任心、體貼心。

二〇一九年時，日本政府因有鑑於觀光事業之發達，乃擴建機場設備以符合需要，國土交通省於是刊登廣告。此第四則廣告標題是：「二〇二〇年三月二十九日起開始新航路，在羽田機場則增加國際線。」其內文是：新的飛行路線與使用時間；噪音對策、落下物對策；從來的工作與今後的預定……等。國土交通省將增加新航線之喜事，如此以廣告周知民眾，實是符合企業經營之道，盡了企業之社會責任。

日本政府在制定其施政項目前，會與地方人士交換意見，以求施政項目之落實地方。因此，日本政府刊登廣告，告知地方政府舉辦意見交換會的對象、問題。此第五則廣告是報告。

政府方有十一個單位，及由集合單位組成的專案小組。而地方方有東京都、熊本市、札幌市、富山市、福岡市等五處。要交換的意見則有：人才確保、海外展開、補助金、事業承繼，其他等五大項；這五大項都包含有小項，或有即將實施的承諾，或有已完成之報告，可見先前之中央政府與十九個地方政府已達成共識。中央政府將其意見交換會之結論，形諸於廣告以告知大眾。是以廣告助政府施政，也使中央政府得以支援地方政府的中堅中小企業。

總之，因能力有限，只拾穗了上述幾則日本政府廣告。但，從其版面之大（全頁）可知其內容事項之重要性、普遍性。日本政府對其國民之關懷備至，實令人感佩，官民真合作無間。

日日創新的服務

出門在外，會看到滿街的計程車來往，也會遇到滿路的外送服務穿梭。他們忙於完成自己的任務，似乎忘記了行人的緩慢流動，也似乎忽視了行人將會有朝一日成為自己的顧客。

提供自己勞力，為他人送物品或食品，至指定的人物或場所，自古以來在國外已有之。不知為何近年來才在台北流行起來。

記得一九六〇年代出差東京，常在銀座街頭小巷的料理店，看到有人提著木箱騎上腳踏車，喊著「我去了」，就不見蹤影了。一家料理店有此情況，不多久，另一家又有之，只見連續不斷有此景而迷惑不止，致忘了挑料理店吃晚餐。在好奇心旺盛下請教了陪同我觀察街景的電通人，這位仁兄說明：「那是該店員工，他把顧客所指定的料理配膳完成後，送去其住宅。」該送貨人的服務，就叫「出前」。

一九八〇年代，聯廣與美國紐約的廣告公司業務合作。受對方邀請，乃前往之，是首次之美國旅行。該公司副總經理陪我去熱鬧的第五大道觀察街景，就在人車搶路下，看見了驚心肉跳的場景：有些人跑步於不停地往前開動的汽車與汽車之間，穿梭於摩肩接踵的行路人之中。這些人各自行動，背包裡裝滿著東西，不顧人車，只管自己快速往前衝刺或左右撞人。

我心生好奇，向陪同我街景觀察的廣告人提問。他解釋說：「那些人是受僱於人，需在限制時間內完成送物任務。」這種趕時間送物品的服務，要比台灣的限時專送郵局業務更緊張！效率雖更高，但生命安全更難保！

回台省親的兒子要請吃午飯，於是前往信義路鼎泰豐。下車就看到從店口開始排了一條長隊，心想要等到何時才能享受在國外夢寐以求的小籠包？兒子嗯了一聲，說：「回家去！用外送。」於是打道回府，吾家人人總算陪他吃了他渴望已久的鼎泰豐小籠包，其樂無可比！

吃了送來的小籠包之餘，我想起了日本報紙上的廣告。廣告上的名菜專送吸引著眾人，於是這種料理店廣告如雨後春筍出現不停。

送料理到宅的作業在廣告上，有店使用「食宅便服務」，有的使用「定期便」，有的使用「宅菜便」，有的使用「直送」等。

「食宅便」的廣告裡有：八盤一套，母親節則七食一套。前者是賀春，後者則是獻給母親。

「定期便」的廣告裡有：每月定期的食材送到府的信息，如三月是仙台牛，四月是博多的鍋材，五月是鮭魚卵，六月是大鰻魚等，可一直送食材到府至翌年二月。吾家賴府也在台北享受每月送鮮魚到宅之服務，減少了主婦、佣人之不少時間。

「宅菜便」的廣告裡有：一日至十五日的半個月菜單照片，每天均不同，張張引人口水。這種生菜配料可省家庭主婦，尤其上班婦人之買菜、洗菜、撿菜之時間，只要將中間食材放進電熱爐即可有美味料理可享受。主婦稱便，家人不必等待。

「直送」的廣告裡有，只要加溫就可享受專門店的味道。廣告內文有說：

• 每月變化的菜單，不會吃久生厭。
• 繼承老舖直營店的口味，是祕傳的。
• 一夜漬魚使味道入身，此一加工會增加魚品美味。
• 成品以最新急速冷凍技術保持鮮味。

從上觀之，每家廠商均有其特色之品名：食宅便、定期便、宅菜便、直送等，讓讀者選。其商品之銷售亦各異：有隨時宅配送、有定期宅配送。其商品之生產程度：有成品、可馬上使用，有半成品、要加工煮食；有組合品，要自家生產。

總之，一通電話就可獲取購物之方便，現代人真是有福。但是，做為消費者是否該要擔憂身體之減退？要以日見創新應付之！

以廣告來關心人

日本公益廣告機構以廣告周知大家「日本這個國家的世界遺產是關心他人」，而其代言人是在日本居住達三十八年的國際廣播記者。

他的代言內容是：「說到關心他人，任何國家都有，而日本則稍些獨特，無法用語言來表達清楚；就是若無其事地，可對他人表達關心。但是，最近如何？是否越來越淡？這個國家的關心他人，是可誇耀於世界的。不管時間如何流逝，真願它不流失。」

日本公益廣告刊登此廣告，或許是出於社團的靈敏感，而向日本國人發出警告？日本公益廣告機構是由廣告廠商、廣告媒體、廣告代理等所組成的團體，常常以廣告向社會提出善言善事。該機構呼籲人人來關心他人。

日本海事廣報協會也以廣告徵求感謝的語詞，來鼓舞在海上工作的人員。廣告標題訴求「將感謝的情意送給在海上工作的人」。廣告內文有：「為支持我們的生活，在武漢疫病下有船員及許多人在海上工作著。在你附近有人在海上工作嗎？請以謝謝的心態來鼓勵在海上工作的所有人。」廣告的畫面是一群人拿著字板面向讀者，板上字字有情，句句有心，充滿著關心他人之表情。「謝謝您們，我才有魚可吃，我才有安全生活。」

一九四〇年代生活在台灣的人甚感不安。島內物資缺乏，島外有「共匪」威脅，人人坐立不安、生活難保。所幸有美國之協防，有美國的援助。那時台灣島上的居民吃的是美國麵粉，而少年們穿的是美援的麵粉袋。袋上還有美國國旗，常被笑窮人變金童玉女。

看到聯合國兒童基金會（UNICEF）的廣告，讓我想起不堪回首的光復初期。UNICEF的廣告如此說：其廣告標題「話說，該脫脂奶粉——」廣告內文則說：「戰後不久時，食物十分缺乏。這時送到小學的是脫脂奶粉，絕不能說多美味，但是感謝再感謝，對，該脫脂奶粉，是從何處送來的。」

最後，廣告者UNICEF才揭開謎底，而說該脫脂奶粉的輸送者是本機構，現在還持續支援世界的兒童們。為兒童的將來，你不妨活用寶貴的財產。當初喝脫脂奶粉的兒童現在應已長大成老人。UNICEF為世界兒童送物資持續迄今，其關心他人之精神實令人佩服。請大家多捐獻。只可惜台灣人有心卻志難伸，因為該機構未在台灣提供服務，無緣也。

日本麥當勞公司關心少年兒童的安全，於是推動贈送安全笛，讓他（她）們在上下學時備用。該公司將此活動發表在報紙廣告上，廣告標題是：「麥當勞持續推動著守護學童之安全的地區貢獻活動。」廣告內文是：「為支持保護新進社會之學童安全，麥當勞在每年均透過地區的教育委員會、警察發放『安全笛』，該聲音宏大可周知危險發生。從二〇〇三年開始已累計發放一千一百三十四萬個，也在約一千七百間店舖實施『學童一一〇之家』以協助學童之臨危或遇難。今後，麥當勞會持續與地區眾人造街以形成安全又安心之環境。」

廣告畫面有麥當勞叔叔與一男一女學童歡天喜地同站，又有一一〇番的標誌、安全笛的相片。從上觀之，麥當勞公司保護學童之盡心盡力令人可感。

總之，日本公益廣告機構的廣告、日本海事廣報協會的廣告、UNICEF的廣告，以及麥當勞公司的廣告等，表達著其組織對社會大眾的關心。偉哉，人心多善良。

秀威經典　　PE0195　新視野71

感懷・久久芬芳

作　　者／賴東明
責任編輯／尹懷君、楊岱晴
圖文排版／黃莉珊
封面設計／劉肇昇

出版策劃／秀威經典
發 行 人／宋政坤
法律顧問／毛國樑　律師
印製發行／秀威資訊科技股份有限公司
114台北市內湖區瑞光路76巷65號1樓
電話：+886-2-2796-3638　傳真：+886-2-2796-1377
http://www.showwe.com.tw
劃撥帳號／19563868　戶名：秀威資訊科技股份有限公司
讀者服務信箱：service@showwe.com.tw
展售門市／國家書店（松江門市）
104台北市中山區松江路209號1樓
電話：+886-2-2518-0207　傳真：+886-2-2518-0778
網路訂購／秀威網路書店：https://store.showwe.tw
國家網路書店：https://www.govbooks.com.tw

2022年3月　BOD一版
定價：300元

讀者回函卡

國家圖書館出版品預行編目

感懷・久久芬芳 / 賴東明著. -- 一版. -- 臺北市 :
秀威經典, 2022.03
面； 公分
BOD版
ISBN 978-626-95350-0-2(平裝)

1.廣告業 2.文集

497.07 110022175